U0187834

托马斯·库恩经典著作

Thomas S. Kuhn

科学革命的结构

THE STRUCTURE OF SCIENTIFIC REVOLUTIONS

[美] 托马斯·库恩 著
[加] 伊恩·哈金 导读 / 张卜天 译

著作权合同登记号 图字：01-2002-5265

图书在版编目（CIP）数据

科学革命的结构：新译精装版 /（美）托马斯·库恩著；张卜天译. —北京：北京大学出版社，2022.7

（北京大学科技史与科技哲学丛书）

ISBN 978-7-301-33066-1

Ⅰ. ①科… Ⅱ. ①托… ②张… Ⅲ. ①科学哲学 Ⅳ. ① N02

中国版本图书馆 CIP 数据核字（2022）第 096155 号

书　　名	科学革命的结构（新译精装版） KEXUE GEMING DE JIEGOU（XINYI JINGZHUANGBAN）
著作责任者	[美] 托马斯·库恩 著　张卜天 译
责任编辑	田　炜
标准书号	ISBN 978-7-301-33066-1
出版发行	北京大学出版社
地　　址	北京市海淀区成府路 205 号　100871
网　　址	http://www.pup.cn
电子信箱	pkuwsz@126.com
电　　话	邮购部 010-62752015　发行部 010-62750672 编辑部 010-62750577
印 刷 者	北京九天鸿程印刷有限责任公司
经 销 者	新华书店
	880 毫米 ×1230 毫米　A5　9.625 印张　203 千字 2022 年 7 月第 1 版　2022 年 10 月第 2 次印刷
定　　价	79.00 元

《北京大学科技史与科技哲学丛书》总序

科学技术史（简称科技史）与科学技术哲学（简称科技哲学）是两个有着紧密的内在联系的研究领域，均以科学技术为研究对象，都在20世纪发展成为独立的学科。科学哲学家拉卡托斯说得好："没有科学史的科学哲学是空洞的，没有科学哲学的科学史是盲目的。"北京大学从80年代开始在这两个专业招收硕士研究生，90年代招收博士研究生，但两个专业之间的互动不多。如今，专业体制上的整合已经完成，但跟全国同行一样，面临着学科建设的艰巨任务。

中国的"科学技术史"学科属于理学一级学科，与国际上通常将科技史列为历史学科的情况不太一样。由于特定的历史原因，我国科技史学科的主要研究力量集中在中国古代科技史，而研究队伍又主要集中在中国科学院下属的自然科学史研究所，因此，在上世纪80年代制定学科目录的过程中，很自然地将科技史列为理学学科。这种学科归属还反映了学科发展阶段的整体滞后。从国际科技史学科的发展历史看，科技史经历了一个由"分科史"向"综合史"、由理学性质向史学性质、由"科学家的科学史"向"科学史家的科学史"的转变。西方发达国家大约在上世纪五、六十年代完成了这种转变，出现了第一代职业科学史家。而直到上个世纪末,我国科技史界提出了学科再建制的口号,才把上述“转变”提上日程。在外部制度建设方面,再建制的任务主要是将学科阵地由中科院自然科学史所向其他机构特别是高等院校扩展;在内部制度建设方面,再建制的任务是由分科史走向综合史,由学科内史走向思想史与社会史,由中国古代科技史走向世界科技史。

科技哲学的学科建设面临的是另一些问题。作为哲学二级学科的“科技哲学”过去叫“自然辩证法”,但从目前实际涵盖的研究领域来看,它既不能等同于“科学哲学”(Philosophy of Science),也无法等同于“科学哲学和技术哲学”(Philosophy of Science and of Technology)。事实上,它包罗了各种以“科学技术”为研究对象的学科,比如科学史、科学哲学、科学社会学、科技政策与科研管理、科学传播等等。过去 20 多年来,以这个学科的名义所从事的工作是高度“发散”的:以“科学、技术与社会”(STS)为名,侵入了几乎所有的社会科学领域;以“科学与人文”为名,侵入了几乎所有的人文学科;以“自然科学哲学问题”为名,侵入了几乎所有的理工农医领域。这个奇特的局面也不全是中国特殊国情造成的,首先是世界性的。科技本身的飞速发展带来了许多前所未有但又是紧迫的社会问题、文化问题、哲学问题,因此也催生了这许多边缘学科、交叉学科。承载着多样化的问题领域和研究兴趣的各种新兴学科,一下子找不到合适的地方落户,最终都归到“科技哲学”的门下。虽说它的“庙门”小一些,但它的“户口”最稳定,而在我们中国,“户口”一向都是很重要的,学界也不例外。

研究领域的漫无边际,研究视角的多种多样,使得这个学术群体缺乏一种总体上的学术认同感,同行之间没有同行的感觉。尽管以“科技哲学”的名义有了一个外在的学科建制,但是内在的学术规范迟迟未能建立起来。不少业内业外的人士甚至认为它根本不是一个学科,而只是一个跨学科的、边缘的研究领域。然而,没有学科范式,就不会有严格意义上的学术积累和进步。中国的“科技哲学”界必须意识到:热点问题和现实问题的研究,不能代替学科建设。唯有通过学科建设,我们的学科才能后继有人;唯有加强学科建设,我们的热点问题和现实问题研究才能走向深入。

如何着手“科技哲学”的内在学科建设?从目前的现状看,科技哲学界事实上已经分解成两个群体,一个是哲学群体,一个是社会学群体。前者大体关注自然哲学、科学哲学、技术哲学、科学思想史、自然科学哲学问题等,后者大体关注科学社会学、科技政策与科研管理、科学的社会研究、科学技术与社会(STS)、科学学等。学科建设首先要顺应这一分化的大局,在哲学方向和社会学方向分头进行。

本丛书的设计,体现了我们把西方科学思想史和中国近现代科学社会史作为我们科技史学科建设的主要方向,把“科技哲学”主要作为哲学学科来建设的基本构想。我们将在科学思想史、科学社会史、科学哲学、技术哲学这四个学科方向上,系统积累基本文献,分层次编写教材和参考书,并不断推出研究专著。我们希望本丛书的出版能够有助于推进我国科技史和科技哲学的学科建设,也希望学界同行和读者不吝赐教,帮助我们出好这套丛书。

吴国盛

2006年7月于燕园四院

目 录

导读

伊恩·哈金（Ian Hacking）

巨著罕见稀有，本书便是其中之一。您读了就会知道。

这篇导读可略过不读。如果您想知道本书如何在半个世纪以前问世，它有什么影响，围绕其论点产生了哪些争论，再来读本文。如果您想知道一位过来人对于该书在今天的地位有什么看法，再来读本文。

本文介绍的是这本书，而不是库恩及其一生的工作。他通常把本书称为《结构》，在交谈中则径直称为“那本书”。我遵从他的用法。《必要的张力》（*The Essential Tension*）是一部精彩的文集，收录了库恩在《结构》出版前后不久发表的哲学（而不是历史）论文。[1] 它可视为对《结构》的一系列评论和扩展，所以是很好的配套读物。

既然是《结构》的导读，所以本文讨论的内容不会超出

---

[1] Thomas S. Kuhn, *The Essential Tension: Selected Studies in Scientific Tradition and Change*, ed. Lorenz Krüger (Chicago, IL: University of Chicago Press, 1977).

《必要的张力》。但需要注意的是，库恩在交谈中常说，《黑体理论与量子不连续性》（*Black-Body Theory and the Quantum Discontinuity*）是反映《结构》主旨的经典案例，[2] 该书研究的
viii 是马克斯·普朗克（Max Planck）在 19 世纪末发动的第一次量子革命。

正因为《结构》是一部巨著，我们才能以无数种方式解读和运用它。因此本文仅仅是诸多可能的导读之一。《结构》催生了一批讨论库恩生平和工作的著作。网络版《斯坦福哲学百科全书》（*The Stanford Encyclopedia of Philosophy*）中的“库恩”词条简要介绍了库恩的工作，非常精彩，尽管观点与本文有所不同。[3] 库恩晚年对其一生和思想的回顾可参见阿里斯提德·巴尔塔斯（Aristides Baltas）、科斯塔斯·加夫罗格鲁（Kostas Gavroglu）和瓦西利基·金迪（Vassiliki Kindi）1993 年对他的访谈。[4] 至于对其工作的讨论，库恩最欣赏保罗·霍伊宁根－许纳（Paul Hoyningen-Huene）的《重建科学革命》（*Reconstructing Scientific*

---

[2] Kuhn, *Black-Body and the Quantum Discontinuity, 1894–1912* (New York: Oxford University Press, 1978).

[3] Alexander Bird, “Thomas Kuhn”, in *The Stanford Encyclopedia of Philosophy*, ed. Edward N. Zalta, http://plato. stanford. edu/ archives/ fall2009/ entries/ thomas-kuhn/.（访问时间 2021 年 11 月 20 日）

[4] Kuhn, “A Discussion with Thomas S. Kuhn” (1993), interview by Aristides Baltas, Kostas Gavroglu, and Vassiliki Kindi, in *The Road since Structure*: *Philosophical Essays 1970-1993, with an Autobiographical Interview*, ed. James Conant and John Haugeland (Chicago, IL: University of Chicago Press, 2000), pp. 253-324.

Revolutions）一书。[5] 库恩出版物的完整清单可参见詹姆斯·柯南特（James Conant）和约翰·豪格兰（John Haugeland）编的《结构之后的路》（*The Road since Structure*）。[6]

有一点不常被人提到：和所有巨著一样，《结构》是一部急欲把事情弄清楚的热情洋溢之作。这甚至可以从它谦逊质朴的开篇第一句话看出来："如果不把历史仅仅看成逸事或年表的贮藏所，历史就能彻底改变现在支配我们的科学形象。"[7] 库恩力求改变我们对科学，亦即（不论是福是祸）使人类主宰这个星球的那些活动的理解。他成功了。

1962 年

ix

目前这个版本是《结构》的 50 周年纪念版。《结构》于 1962 年问世，那已是很久以前的事了，科学本身已经发生了根本改变。那时科学的女王是物理学，库恩接受的正是物理学家的训练。精通物理的人并不多，但大家都知道，物理学是出大事的地方。冷战正在进行，人人都知道核武器。美国学生不得不演习蜷伏在课桌下避险。每个城镇至少每年都会拉响一次空

---

[5] Paul Hoyningen-Huene, *Reconstructing Scientific Revolutions: Thomas S. Kuhn's Philosophy of Science* (Chicago, IL: University of Chicago Press, 1993).

[6] James Conant and John Haugeland, eds., *The Road since Structure* (Chicago, IL: University of Chicago Press, 2000).

[7] Kuhn, *The Structure of Scientific Revolutions*, 4th ed. (Chicago, IL: University of Chicago Press, 2012). 本文对《结构》的引用均指这个版本。

袭警报，此时人人都得寻求掩蔽。反核人士会因为有意拒绝躲避而遭到逮捕。1962 年 9 月，鲍勃 · 迪伦（Bob Dylan）首演《大雨将至》，每个人都认为它指的是原子尘。同年 10 月，古巴导弹危机爆发，那是 1945 年以来世界最接近核战争的一刻。物理学及其威胁萦绕在每个人心头。

如今冷战早已结束，物理学不再有大事出现。1962 年的另一件大事是弗朗西斯 · 克里克（Francis Crick）和詹姆斯 · 沃森（James Watson）因为 DNA 的分子生物学、马克斯 · 佩鲁茨（Max Perutz）和约翰 · 肯德鲁（John Kendrew）因为血红蛋白的分子生物学而被授予诺贝尔奖。这是变化的前兆。如今，最受瞩目的是生物技术。库恩把物理科学及其历史当作模型。读罢此书，您需要判断在今天这个蓬勃发展的生物技术世界，库恩关于物理科学的说法在多大程度上仍然站得住脚。再加上信息科学，还有计算机对科学实践的影响，甚至连实验也不同于以往：计算机模拟已经改变了实验，甚至在一定程度上取而代之。众所周知，计算机改变了通讯方式。1962 年，科学家是在学术会议和专题研讨会上以预印本形式宣布自己的科研成果的，然后在专业期刊上以论文形式将其发表。如今电子文档已成为首要的发表模式。

2012 年与 1962 年还有一个根本区别，它影响了本书的核
x 心——基础物理学。1962 年，有两种相互竞争的宇宙学：稳恒态宇宙学和大爆炸宇宙学，它们对宇宙及其起源有完全不同的构想。1965 年几乎偶然地发现了宇宙背景辐射之后，就只剩下

大爆炸理论，满是尚待解决的、作为常规科学来研究的问题。1962 年，高能物理学似乎就是无止境地收集越来越多的粒子。所谓的“标准模型”给混沌带来了秩序。它的预言精确得不可思议，即使我们尚不知道如何使之与引力相容。基础物理学也许不会再发生革命，但出人意料的事情肯定会层出不穷。

因此，与今天的科学实践相比,《科学革命的结构》也许——我并没有说的确——与科学史上过去的时代更加相关。

但《结构》究竟是历史书还是哲学书呢？1968 年，库恩在一次讲演的开篇强调指出：“站在诸位面前的是一位执业的科学史家……我是美国历史学会会员，而不是美国哲学学会会员。”[8]然而在梳理自己的过去时，他越来越显得主要拥有哲学上的兴趣。[9]虽然《结构》对科学史界产生了巨大而直接的影响，但是对科学哲学乃至大众文化的影响却可能更为持久。这也是我在撰写本文时采取的视角。

结 构

“结构”和“革命”都被理所当然地置于本书的标题中。库恩认为，科学革命不仅存在，而且还有一种结构。他精心阐述了这种结构，并为结构中的每一个节点指定了有用的名称。他

[8] Kuhn, “The Relations between the History and the Philosophy of Science”, in *The Essential Tension*, p. 3.

[9] Kuhn, “Discussion with Thomas S. Kuhn”.

有创造格言警语的天赋，那些名称已经获得非同寻常的地位；虽然一度晦涩难解，但如今有些名称已成为日常用语。各个节点依次为：（1）**常规科学**（第二至四章——库恩称之为节而不
xi 是章，*因为他认为《结构》更像一本书的纲要，而不是一本书）；（2）**解谜题**（第四章）；（3）**范式**（第五章），这个词在当时还很冷僻，但库恩使用之后已经变得平常无奇（更不用说**范式转换**了！）；（4）**反常**（第六章）；（5）**危机**（第七至八章）；（6）**革命**（第九章），确立一种新的范式。

这就是科学革命的结构：先是常规科学，具有一种范式，致力于解谜题；然后是严重的反常，导致危机；最后是通过一种新范式来解决危机。另一个著名的词没有出现在各章标题中：**不可公度性**。这个词意指在革命和范式转换的过程中，新旧观念和主张无法进行严格比较。即便使用了同样的词，其含义也发生了改变。而这又引出了这样一种观念：新理论被选出来取代旧理论，与其说因为新理论是真的，不如说是因为**世界观的改变**（第十章）。本书以一种令人不安的思想作结，即科学的进步并非单纯直线地通向**唯一**真理。这种进步更多体现在**远离**不太恰当的世界观，寻求与世界的互动（第十三章）。

让我们逐一审视这些观念。显然，这一结构太过简洁。历史学家抗议说，历史并不是这样的。但正是凭借着作为物理学

* 出于阅读习惯，这里依然把“节”译成了“章”。——译者

家的直觉，库恩找到了一种简洁而富有洞见的通用结构。这种对科学的描绘是一般读者能够理解的。它有一个优点，那就是能在某种程度上得到检验。科学史家可以考察其专业领域中的重大变化在多大程度上符合库恩的结构。不幸的是，一批持怀疑态度的学者对真理概念本身提出质疑，使它遭到了滥用。而库恩并无此意图。他热爱事实，追求真理。

革 命

我们首先会在政治意义上设想革命，比如美国革命、法国
革命、俄国革命等等。一切都被推翻了，一种新的世界秩序开 xii
始了。最先将这种革命观念扩展到科学的思想家也许是康德。他认为有两大思想革命。其最伟大的杰作《纯粹理性批判》（这也是一部罕见的巨著，但不像《结构》那样引人入胜）的第一版（1781 年）对此未有提及。在第二版（1787 年）的序言中，康德以一种近乎华丽的散文风格提到了两个革命性事件：[10] 一是数学实践的转变，即在巴比伦和埃及那里所熟知的技巧变成了希腊的假设 – 证明模式；二是实验方法和实验室的出现，康

[10] Immanuel Kant, *The Critique of Pure Reason*, 2nd ed., B xi-xiv. 在所有现代的重印版和翻译版中，两个版本都被印在一起，第二版中的新材料按照最初德文版的页码被标为“B”版。该书的标准英译本由 Norman Kemp Smith 翻译（London: MacMillan, 1929）。最新的英译本由 Paul Guyer 和 Allen Wood 翻译（Cambridge: Cambridge University Press, 2003）。

德认为这一系列事件都始于伽利略。仅仅两大段话，“革命”一词就重复了好几次。

请注意，虽然我们认为康德是最纯粹的学者，但他其实身处乱世。人人都知道整个欧洲即将发生剧变，事实上，两年后就爆发了法国大革命。正是康德确立了科学革命的观念。[11] 诚实的康德在一个脚注中坦言，他没能关注历史的细枝末节。[12] 作为哲学家的我觉得这非常有趣，当然也无可厚非。

库恩讨论科学及其历史的第一本书并不是《结构》，而
xiii 是《哥白尼革命》(*The Copernican Revolution*)。[13] 科学革命的观念当时已经广为流传。二战之后有大量著作讨论了 17 世纪的科学革命。培根是革命的先知，伽利略是灯塔，牛顿则是太阳。

首先要注意（初读《结构》时并不明显），库恩这里所谈的并非 17 世纪的**那场**科学革命，那是与库恩设定结构的诸革命类

---

[11] 即使就（思想）革命而言，康德也超前于他的时代。著名科学史家科恩（I. B. Cohen）详尽地考察过“科学中的革命”这个概念。他引用了才华出众的科学家 - 学者利希滕贝格（G. C. Lichtenberg，1742—1799）的话，利希滕贝格让我们比较一下，“1781 年至 1789 年这八年间和 1789 年至 1797 年这八年间，‘革命’一词在欧洲被使用和印刷”的次数有多频繁。利希滕贝格自己的粗略猜测是，其比率是 1 比 100 万。I. B. Cohen, *Revolution in Science* (Cambridge, MA: Belknap Press of Harvard University Press, 1985), 585n4。我这里也大胆猜测，要是比较“范式”一词在 1962 年和《结构》出版 50 周年时的使用次数，其比率也是 1 比 100 万。是的，2012 年的 100 万次对应于 1962 年的 1 次。说来也巧，利希滕贝格在思考科学时，很久以前就广泛使用过“范式”一词。

[12] Kant, *Critique*, B xiii.

[13] Kuhn, *The Copernican Revolution: Planetary Astronomy in the Development of Western Thought* (Cambridge, MA: Harvard University Press, 1957).

型完全不同的事件。[14] 事实上，在《结构》出版之前不久，库恩曾提出存在着“第二次科学革命”。[15] 那是在 19 世纪初，所有新领域都数学化了。热、光、电和磁都获得了范式，大量杂乱无章的现象突然开始讲得通了。这与我们所谓的工业革命同时发生、携手并进，可以说是我们身处其中的现代科技世界的起点。但与第一次科学革命一样，这第二次革命也没有显示出《结构》中所说的“结构”。

其次要注意，库恩之前的一代人（他们就 17 世纪科学革命写了大量著述）是在物理学发生重大革命的世界里成长起来的。爱因斯坦的狭义相对论（1905 年）和广义相对论（1916 年）给世人带来的震撼远远超出了我们的想象。起初，相对论在人文科学和艺术领域所产生的反响要远远大于它在物理学中真实的可检验的推论。诚然，阿瑟·爱丁顿爵士（Sir Arthur Eddington）著名的远征队对该理论的天文学预言作了检验，但只是到了后来，相对论才成为许多物理学分支不可或缺的一部分。

还有量子革命，也分为两个阶段：1900 年前后普朗克引入 xiv
量子概念，然后是 1926—1927 年，整个量子论随着海森伯的

[14] 一些怀疑论者如今质疑“那场科学革命”算不算一个“事件”。关于那场科学革命，库恩同样有自己的不同凡响的精彩陈述。“Mathematical versus Experimental Traditions in the Development of Physical Science” (1975), in *The Essential Tension*, pp.31-65.

[15] Kuhn, “The Function of Measurement in the Physical Sciences” (1961), in *The Essential Tension*, pp. 178-224.

不确定性原理而得以完成。相对论和量子物理学的结合不仅推翻了旧科学，而且也颠覆了基本的形而上学。康德曾经指出，牛顿的绝对空间和齐一的因果性原理是先验的思想原则，是人类理解世界的必要条件。但物理学证明他完全错了。原因和结果仅仅是表象，不确定性才是实在的根本。革命是科学时代的常态。

在库恩之前，卡尔·波普尔（Karl Popper，1902—1994）是最有影响的科学哲学家——我是说他拥有最多的执业科学家读者，并且获得了某种程度的信任。[16] 波普尔成长于第二次量子革命的时代，这次革命使他意识到科学是通过猜想与反驳而前进的，“猜想与反驳”也被他用作一本书的标题。波普尔声称，科学史例证了一种说教式的方法论。我们先提出尽可能可检验的大胆猜想，然后不可避免会发现它们的缺陷，进而反驳它们，最后提出一种与事实相符的新猜想。假说只有在可证否时才称得上是“科学的”。在 20 世纪初的伟大革命之前，这种纯粹主义的科学观是不可设想的。

库恩对革命的强调可被视为波普尔反驳论之后的下一阶

---

[16] 波普尔是维也纳人，定居于伦敦。德语世界的其他哲学家为了逃离纳粹的统治来到美国，对美国哲学产生了深远的影响。许多科学哲学家看不起波普尔过分简单化的思路，但从事实际研究的科学家却认为他说得有理。玛斯特曼（Margaret Masterman）在 1966 年准确地描述了这种情形：“现在越来越多的科学家在读库恩，而不是读波普尔。”（p. 60）“The Nature of a Paradigm”, in *Criticism and the Growth of Knowledge*, ed. Imre Lakatos and Alan Musgrave (Cambridge: Cambridge University Press, 1970), pp.59-90.

段。库恩本人用“发现的逻辑或研究的心理学”[17]来说明反驳与革命的关系。两人都把物理学当作所有科学的原型，都在相 xv
对论和量子力学之后形成了自己的思想。然而今天，科学看起来已经非常不同。2009 年，人们以极大的热情纪念达尔文的《物种起源》出版 150 周年。经过这些形形色色的书籍、表演和庆祝活动的洗礼，我相信很多人都认为，《物种起源》是历史上最具革命性的科学著作。而《结构》对于达尔文革命竟然没有提及，这着实令人惊讶。自然选择的确在第 171—172 页被着重提及，但也只是作为科学发展的类比。既然生命科学今天已经取代物理学成为科学的主角，我们必须追问，达尔文革命在多大程度上符合库恩的模板。

最后要指出的是，如今“革命”一词的用法已经远远超出了库恩的设想。这既不是批评库恩，也不是批评一般公众，而是意味着我们应当仔细阅读库恩，注意他究竟在说什么。今天，“革命”差不多是个褒义词。每一款新式冰箱、每一部大胆的电影新作，都被说成是革命性的。人们或许已经忘记，这

---

[17] Kuhn, “Logic of Discovery or Psychology of Research” (1965), in *Criticism and the Growth of Knowledge*, pp.1-23. 1965 年 7 月，拉卡托斯（Imre Lakatos）在伦敦组织了一次会议，其焦点是库恩的《结构》与波普尔学派之间的较量，当时拉卡托斯本人和费耶阿本德（Paul Feyerabend）就属于波普尔学派。会后不久出版了三卷会议论文集，现已被人遗忘，而第四卷，即《批判与知识的增长》（*Criticism and the Growth of Knowledge*）则成为经典。拉卡托斯认为，会议论文集不应报道实际发生的事情，而应根据实际发生的事情去重写。这是论文集拖延了五年的一个原因；另一个原因是拉卡托斯对自己的思想作了极为详尽的阐述。这里所引的文章实际上是库恩 1965 年所述。

个词曾经很少被使用。在美国媒体中（几乎已经忘却了美国革命），这个词传递的更多是憎恶而非褒扬，因为在他们的话语中“革命”就意味着“共产主义”。我对时下大肆宣传“革命”一词深表遗憾，它不仅贬低了“革命”的原有价值，也使理解库恩变得更加困难。

常规科学和解谜题（第二至四章）

库恩的思想的确令人震撼。他告诉我们，常规科学不过是专心解决当前知识领域中一些悬而未决的谜题罢了。解谜题使
xvi 我们想到了纵横字谜、拼图游戏和数独等帮助我们在闲暇时打发时间的东西。常规科学是这样的吗？

许多科学家读到这里不免有些震惊，但转念一想也不得不承认，其大多数日常工作正是如此。研究问题并不以产生真正新奇的东西为目标。第 35 页的一句话总结了库恩的观点：“我们方才遇到的常规研究问题，其最引人注目的特征就在于，它们并不旨在产生多么新奇的概念或现象。”他写道，如果翻阅任何一份研究期刊，你会发现讨论的问题有三种：（1）重要事实的确定；（2）事实与理论的相符；（3）理论的阐述（articulation）。将其略作扩展：

1. 对于一些数量或现象，理论未作恰当描述，而只给出了定性预期。通过测量和其他程序可以更精确地确定事实。

2. 已知的观察与理论并不完全相符。问题出在哪里？要么

调整理论，要么表明实验数据有缺陷。

3. 理论也许有可靠的数学表述，但其推论尚不能被理解。人们常常通过数学分析来揭示理论中蕴含的东西，库恩把这个过程恰当地称为“阐述”。

虽然许多执业科学家承认他们的工作符合库恩的规则，但这听起来仍然不大对劲。库恩之所以这样说，原因之一是他（和波普尔等许多先驱者一样）认为，科学中的首要工作是理论性的。他尊重理论，虽然对实验颇为看重，但仍然认为实验是第二位的。20 世纪 80 年代以来，重点发生了实质性的转移，历史学家、社会学家和哲学家都非常关注实验科学。正如彼得·伽里森（Peter Galison）所说，存在着三种相互平行但基本独立的研究传统：理论的、实验的和仪器的。[18] 每一种传统对于另外两种都至 xvii
关重要，但又有很大的自主性，每一种都有自己的生命。在库恩的理论立场中，实验或仪器上的巨大创新被径直忽略了，因此常规科学也许有许多新奇事物，只是并非在理论上。至于一般大众，想要的是技术和解药，他们所赞叹的科学创新通常根本不是理论上的。难怪库恩的说法听起来有些执迷不悟。

为了说明库恩的常规科学观念中什么是绝对正确的、什么是可疑的，可以当前的高能物理学为例，科学记者报道最多的是寻找希格斯粒子。这项计划需要投入惊人的财力人力，为的是确证当前物理学所讲授的东西——存在一种尚未发现的粒

[18] Peter Galison, *How Experiments End* (Chicago, IL: University of Chicago Press, 1987).

子，它在物质的存在本身当中扮演着至关重要的角色。从数学到工程都有无数谜题需要解决。在某种意义上，解这些谜题不会带来任何新的理论或现象。这正是库恩的正确之处。常规科学并不旨在求新，但对已有的理论进行确证可能产生新东西。人们的确希望，让希格斯粒子现身的正确条件一旦最终确立，崭新的一代高能物理学就会开始。

库恩将常规科学描述成解谜题，这似乎暗示他认为常规科学无关紧要。恰恰相反，他认为科学活动极为重要，而且其中大部分是常规科学。今天，即使是对库恩的革命思想持怀疑态度的科学家，也非常尊重他关于常规科学的论述。

范式（第五章）

这个要素需要特别关注，理由有二。首先，库恩以一己之力改变了“范式”一词的流行程度，以至于每一位新读者对这个词的理解都与 1962 年作者提出它时的含义非常不同。其次，正如库恩本人在本书后记中明确指出的：“范式作为共有的范
xviii 例，我现在认为是本书最新颖也最不被人理解的方面的核心要素。”（第 186 页）就在同一页，他提出可以用“范例”（examplar）一词取而代之。在比这篇后记稍早的一篇文章中，他承认已经对“这个词失去控制”。[19] 到了晚年，库恩干脆放弃了它。但我

[19] Kuhn, “Reflections on My Critics”, in *Criticism and the Growth of Knowledge*, p.272. 以同一标题重印于 *Road since Structure*, p.168。

希望,《结构》既已出版半个世纪，读者能在尘埃落定之后欣然恢复其显著地位。

《结构》一经出版，读者就抱怨“范式”一词的用法太多。在一篇常被引用但鲜有人读的文章中，玛格丽特·玛斯特曼（Margaret Masterman）发现库恩在《结构》中对“范式”的用法多达 21 种。[20] 面对诸如此类的批评，库恩不得不出面加以澄清。结果，库恩发表了《再思范式》一文，在文中他区分了“范式”一词的两种基本用法：一种是“整体的”，一种是“局部的”。关于局部用法，库恩写道：“当然，正是‘范式’作为标准范例的含义最初促使我选择了这个词。”但是他说，读者们大都以一种比他的本意更为整体的方式使用这个词，他又写道：“只有‘范式’的原初用法在语文学上是恰当的，我认为没有机会重新回到这种原初用法了。”[21] 这在 1974 年也许是对的，但在《结构》

---

[20] Masterman, “The Nature of a Paradigm”. 这篇论文完成于 1966 年，是为拉卡托斯的会议所写（参见前面的注释）。玛斯特曼在文中列出了“范式”一词的 21 种含义，而不知怎的，库恩说有 22 种（“Second Thoughts on Paradigms” [1974], in *The Essential Tension*, p.294)。库恩在《对批评者的答复》（1970）（*Criticism and the Growth of Knowledge*, pp.231-278；重印于 *The Road since Structure*, pp.123-175）一文中使用了一个重复数十年的比喻。他指出有两个库恩：“库恩甲”和“库恩乙”,“库恩甲”是他本人，但他有时觉得需要假设一个虚构的人物写了另一本名叫《结构》的书，讲的一些内容不同于“库恩甲”的原意。在拉卡托斯和马斯格雷夫（Musgrave）的书中，他认为只有玛斯特曼这一位批评者讨论的是他自己即“库恩甲”的著作。她是一位激烈、尖刻和打破旧习的思想家，自称并不哲学，而是很科学；但又不是物理科学，而是“计算机科学”（“Nature of a Paradigm”, p.60)。另一位具有类似影响的批评者是夏佩尔（Dudley Shapere），库恩非常重视他（“The Structure of Scientific Revolutions”, *Philosophical Review* 73 [1964]: 383-394）。在我看来，玛斯特曼和夏佩尔聚焦于“范式”概念的模糊不清，这是对的。后来的批评者才执迷于不可公度性。

[21] Kuhn, “Second Thoughts on Paradigms”, p.307, n.16.

xix 出版 50 周年之际，我们可以回到库恩 1962 年的本意。我会回到局部和整体的用法，但先来做一些回顾。

今天，“范式”及其伴生词“范式转换”已经令人尴尬地随处可见。当年库恩提出这个词时，还很少有人听说过它，但没过多久它便流行起来。对潮流一向警觉的娱乐性杂志《纽约客》曾用漫画来嘲讽“范式”：在曼哈顿的一个鸡尾酒会上，一位体态丰满、身着喇叭裤的女郎对一个自诩时髦的谢顶男士说：“您真了不起，格斯顿（Gerston）先生！您是我知道的第一个实际使用‘范式’一词的人。”[22] 如今，逃避这个可恶的字眼实在很难，难怪库恩早在 1970 年就说他已对这个词失去控制。

现在，让我们回溯一下历史。希腊词“*paradeigma*”在亚里士多德的论证理论，特别是《修辞学》(*Rhetoric*) 一书中起着重要作用。《修辞学》讨论的是演说者与听众之间的实际辩论，他们共有许多无须言明的信念。在英文翻译中，“*paradeigma*”常被译成“example”(例子)，但亚里士多德的意思更接近于“examplar”(范例)，即最好的、最具指导性的例子。他认为论证有两种基本类型：一种本质上是演绎的，但有许多未经言明的前提；另一种本质上是类比的。

在类比论证中，某种事物存在争议。下面是亚里士多德举的一个例子，不难将它从亚里士多德时代的城邦套用到今天的

[22] Lee Rafferty, *New Yorker*, December 9, 1974. 这幅漫画被库恩挂在壁炉架上好几年。这份杂志在 1995 年、2001 年甚至 2009 年仍有嘲讽“范式转换”的漫画。

民族国家。雅典是否应当对其邻邦底比斯（Thebes）开战？不应当。底比斯对其邻邦福基斯（Phocis）开战是邪恶的，所有雅典听众都同意这一点。这就是一个范例。所争议的情形完全是类比性的。因此，我们对底比斯开战也将是邪恶的。[23]

一般而言，类比论证是这样的：某种事物存在争议。有人
提出一个有说服力的例子，几乎每一位听众都表示同意——这 xx
就是一个“paradigm”[范例]。其言外之意是，存在争议的那个事物“也像这样”。

在亚里士多德著作的拉丁文译本中，“*paradeigma*”被译成了“exemplum”，后者在中世纪和文艺复兴时期的论证理论中又有了自己的发展。不过，“paradigm”一词虽然保留在现代欧洲语言中，但已基本脱离修辞学。其用法非常有限，通常是指需要遵循或模仿的标准范例。孩子们学习拉丁文时要学动词变位，比如“爱”的变位是 amo（“我爱”）、amas（“你爱”）、amat（“他/她/它爱”）等等，这就是一种“paradigm”[词形变化表]，一种可以用类似的动词来模仿的范例。“paradigm”一词的主要用法与语法有关，但也可以用作一种隐喻。作为隐喻的“paradigm”在英语中从未流行，但在德语中似乎更为常见。20 世纪 30 年代颇

[23] Aristotle, *Prior Analytics,* book 2, chap. 24 (69a1). 亚里士多德对范式最充分的讨论见于《修辞学》（例如第 1 卷第 2 章 [1356b] 作了描述，第 2 卷第 20 章 [1393a-b] 举了另一个军事例子）。这里我对亚里士多德的思想作了过分简化的处理，只想指出这个概念古已有之。

有影响的哲学团体“维也纳学派”的成员，如莫里茨·石里克（Moritz Schlick）和奥托·纽拉特（Otto Neurath），都乐于在哲学著作中使用这个德文词。[24] 库恩可能对此并不知晓，但用他的话说，维也纳学派以及其他移民美国的德语哲学家的哲学正是“在思想上受到……长期影响”（第 9 页）的科学哲学。

后来，在酝酿《结构》的十年间，“范式”一词受到一些英语分析哲学家的追捧。部分原因在于，20 世纪 30 年代路德维希·维特根斯坦（Ludwig Wittgenstein）在剑桥大学的演讲中频繁使用这个词，他可是个地地道道的维也纳人。那些如痴如醉的追随者痴迷地热议着他的剑桥课程。这个词也数次出现在维特根斯坦的另一部伟大著作《哲学研究》（*Philosophical Investigations*，首版于 1953 年）中。书中第一次使用这个词时（§ 20）提到了“我们语法的 paradigm”，不过维特根斯坦的语法概念要比其通常含义广得多。后来，他又联系“语言游戏”使用过“paradigm”，“语言游戏”原本是一个鲜为人知的德文用语，维特根斯坦使之成为普通文化的一部分。

xxi 我不知道库恩是在什么时候第一次读到了维特根斯坦的著作。但在哈佛和伯克利，库恩曾与富于原创且熟读维特根斯坦的思想家斯坦利·卡维尔（Stanley Cavell）有过多次交谈。

---

[24] 这个信息出自 Stefano Gattei, *Thomas Kuhn's "Linguistic Turn" and the Legacy of Logical Positivism* (Aldershot, UK: Ashgate, 2008), p.19, n.65。

两人都承认，当年他们分享各自的看法和问题是重要的人生经历，[25] 而“范式”肯定是他们讨论的一个话题。[26]

与此同时，一些英国哲学家发明了一种幸好短命的所谓“范例论证”（paradigm-case argument），我认为这是在 1957 年问世的。当时对它有很多讨论，因为它似乎是反驳各种哲学怀疑论的一种新的一般论证。以下是对这种想法的诙谐模仿，应该还算公平。例如，你不能声称我们缺少自由意志，因为我们必须通过各种例子来学习使用“自由意志”这一表述，这些例子就是范式。既然我们通过范式来学习这一表述，而这些范式存在，所以自由意志存在。[27] 总之，库恩写作《结构》时，“范式”一词在很大程度上还处于这种专门用法中。[28]

“范式”一词已经唾手可得，而得到它的正是库恩。

这个词是在《结构》第二章“常规科学之路”的开头即第 11 页引入的。常规科学建基于某个科学共同体所认可的先前的

---

[25] 关于库恩对卡维尔的感激，参见 Kuhn, *Structure*, p.xlv。对一些交谈的回忆，参见 Stanley Cavell, *Little Did I Know: Excerpts from Memory* (Stanford, CA: Stanford University Press, 2010)。

[26] Cavell, *Little Did I Know*, p.354.

[27] 我必须强调，虽然一些人将这一论证的思想归于维特根斯坦，但他会觉得它很讨厌，是糟糕哲学的范例。

[28] 权威的《哲学百科全书》（*The Encyclopedia of Philosophy*，1967）用了六页篇幅详细描述了范例论证。Keith S. Donellan, “Paradigm-Case Argument”, *The Encyclopedia of Philosophy,* ed. Paul Edwards (New York: Macmillan & The Free Press, 1967), 6:39-44. 如今，该论证已经不见了踪影。目前网络版《斯坦福哲学百科全书》在其海量页面中对它只字未提。

科学成就。在 1974 年的《再思范式》一文中，库恩再次强调，“范式”是与“科学共同体”一同进入《结构》的。[29] 这些成就
xxii 作为范例，告诉科学家应当做什么，应当提什么样的问题，什么是成功的应用，以及“观察和实验的范例”。[30]

第 10 页列出的成就案例都是牛顿这等英雄级别的。但库恩越来越对规模小得多的一些事件感兴趣，它们属于小的研究者共同体。有的共同体很大，例如遗传学或凝聚态（固态）物理学的共同体。但这些共同体内部又有越来越小的群体，以至于最终有待分析的“共同体可能只有上百个成员，有时还要少得多”[31]。每个共同体都有自己的一组信念以及关于如何行事的模型。

所谓成就，除了令人瞩目，还必须：

1.“足够空前，因此能够吸引一批坚定的追随者”改弦更张；

2. 它们是开放性的，有许多问题留待“重新界定的研究者群体去解决”。

[29] 库恩分析的许多方面都被弗莱克（Ludwik Fleck，1896—1961）所预示。后者于 1935 年出版了一部著作：*Genesis and Development of a Scientific Fact*, trans. Fred Bradley and Thaddeus J. Trenn (Chicago, IL: University of Chicago Press, 1979)。他对科学的分析也许比库恩还要激进。该书的德文副标题在英译本中被省略了：“关于思维风格和思维集体的理论导论”。库恩的科学共同体概念与弗莱克的由“思维风格”刻画的“思维集体”概念相一致。许多读者现在认为，“思维集体”概念与范式类似。库恩承认，弗莱克的著作“预见到了我本人的许多思想”（*Structure*, p.xli）。在库恩的帮助下，它最终被译成了英文。库恩晚年回忆到，弗莱克使用“思维”一词令他感到困惑，因为思维是内在于个人心灵的，而不是共有的。

[30] Kuhn, *The Essential Tension*, p.284.

[31] Kuhn, “Second Thoughts on Paradigms”, p.297.

库恩总结说：“**凡是具有这两个特征的成就，我此后便称之为‘范式’。**”（第 11 页，黑体强调为本文作者所加）

公认的科学实践（包括定律、理论、应用、实验和仪器）的例子为创造一种连贯的传统提供了模型，并且充当着最初构成科学共同体的信念。上述引文确立了《结构》的基本想法。范式是常规科学不可或缺的组成部分，一个科学共同体从事的常规科学，只要还有足够的工作可做，还有悬而未决的问题可 xxiii
以用传统认可的方法（定律、仪器等）来研究，就会继续下去。到了第 12 页结尾，终于开始转入正题。常规科学以一种范式为典型特征，该范式规定了共同体所研究的谜题和问题。一切运转良好，直到范式所规定的方法不再能应对一系列反常，遂产生危机并不断持续，直到有一项新的成就重新指导研究，充当新的范式。这就是“范式转换”（paradigm shift）。（你会发现，库恩在《结构》中常常称之为“范式改变”[paradigm change]，但事实证明，“范式转换”更悦耳易记。）

随着我们的阅读，这个简洁的概念变得越来越模糊，但存在着一个初始问题。在几乎任何一组事物里，都可以找到自然的类比和相似之处；范式不仅是一项成就，而且也是规定未来做法的一种特殊方式。玛斯特曼不仅列出了“范式”在《结构》中的 21 种用法，还可能第一次指出，我们必须重新考察“类比”这个概念。[32] 一个共同体是如何由一项成就使其特殊的研究方

[32] Masterman, “The Nature of a Paradigm”.

式得以长存的？在《再思范式》一文中，库恩以其一贯的新颖方式作了回应。他讨论了“科学教科书每一章末尾的习题主要有什么用处，学生解这些习题能学到什么？”[33] 如他所说，《再思范式》主要针对的正是这个始料未及的问题，因为他对这个问题的主要回答是，有太多自然类比能使一项成就规定一种传统。顺便提醒大家，他这里想到的是自己年轻时使用的物理学和数学教科书，而不是生物学教科书。

我们必须获得一种“能力，在看似不相干的问题之间找到相似之处”[34]。的确，教科书展示了许多事实和技巧，但并不能使任何人成为科学家。引导你的不是定律和理论，而是章末
xxiv 那些习题。你需要学会看出，这样一组看似不相干的问题可以用类似的技巧来解决。在解这些问题的过程中，你领会到如何继续使用“正确的”相似性。“学生发现一种方法，把眼前的问题看成他曾经遇到的一个问题。一旦看出这种相似或类比，就只剩下了操作上的困难。”[35]

在《再思范式》中转向“书后习题”这一核心主题之前，库恩承认自己对“范式”一词的使用过于宽泛。于是他区分了“范式”概念的两类用法：整体的和局部的。局部用法是各种类型的范例，整体用法则首先聚焦于“科学共同体”概念。

在发表《再思范式》的 1974 年，他可以说，20 世纪 60 年

[33] Kuhn, “Second Thoughts on Paradigms”, p.301.

[34] Ibid., p.306.

[35] Ibid., p.305.

代发展起来的科学社会学为区分科学共同体提供了清晰的经验工具。什么“是”科学共同体，这已不再是问题。问题在于，是什么把科学共同体的成员维系在同一个学科中工作？虽然库恩并没有这样说，但对于任何一个明确的共同体，这都是有待追问的基本社会学问题，无论此共同体是大是小，是政治的、宗教的还是种族的，或只是青少年的足球俱乐部，抑或是为老年人提供送餐服务的志愿者组织。是什么使这个群体保持为一个群体？是什么导致一个群体分裂成各个派别，或者分崩离析？库恩的回答都是：“范式”。

“是什么共有的要素使得专业交流不太成问题、专业判断相对无异议呢？对于这个问题，《结构》一书给出的回答是‘一个范式’或‘一组范式’。”[36] 这里指的是整体意义上的“范式”，它由各种类型的信念和做法所组成，在这当中他强调了符号概括、模型和范例。所有这些在《结构》中都有提及，但并未详细阐述。你也许想快速翻阅此书，看看它是如何发展这种想法的。你可以强调，当一个范式陷入危机时，共同体本身是如何 xxv 陷入混乱的。书中第 84 页引用了沃尔夫冈 · 泡利（Wolfgang Pauli）的两段动人的话，一段是在维尔纳 · 海森伯（Werner Heisenberg）的矩阵代数问世之前数月，另一段是在之后数月。在前一段话中，泡利感到物理学正在土崩瓦解，希望自己从事的是另一种行业；而几个月后，前进的道路已然明朗。许多人

[36] Kuhn, “Second Thoughts on Paradigms”, p.297.

都有同样的感受，当危机处于高潮、范式遭遇挑战时，共同体也趋于瓦解。

在《再思范式》的一个注释中，库恩提出了一种激进的“再思”。[37] 在《结构》中，常规科学始于一项能够充当范式的成就。在此之前有一个前范式时期，那时只有猜测，例如对于热、磁、电等现象的早期讨论，直到“第二次科学革命”为这些领域带来了各自的范式。弗朗西斯·培根（Francis Bacon）对热的讨论甚至包括了太阳和粪肥。正因为没有范式，人们根本无法理清事物的头绪，也没有一组商定的待解问题。

在《再思范式》的注释 4 中，库恩完全放弃了这一看法。他把这称为“用‘范式’一词来区分某一学科发展的早期和晚期阶段所导致的最具破坏性的”后果。培根时代对热的研究固然不同于焦耳时代对热的研究，但库恩现在断言，这种不同并不在于范式之有无。“无论范式可能是什么，任何科学共同体都拥有范式，包括所谓前范式时期的那些学派。”[38] 在《结构》中，“前范式”的角色并不限于常规科学的开端，它在整本书中反复出现（直至第 159 页）。既然库恩已经放弃了之前的看法，那些部分都需要重写。你必须决定那是不是最佳策略。再思并不必然优于初思。

[37] Kuhn, “Second Thoughts on Paradigms”, p.295, n.4.

[38] Ibid.

反常（第六章） xxvi

本章的完整标题是“反常与科学发现的出现”。第七章有一个类似的标题：“危机与科学理论的出现”。对于库恩的科学观来说，这些古怪的配对是不可或缺的。

常规科学并不旨在求新，而在于清理现状。它往往会发现它期待发现的东西。发现不会在运转正常时出现，而会在事物出岔子时出现。新奇事物（novelty）总是与期待背道而驰，简而言之，出现的是一种反常。

“反常”（anomaly）一词中的“a”意为“非”，比如在“非道德的”（amoral）或“无神论者”（atheist）中便是如此。“nom”则源于希腊语的“法则”一词。“反常”与似律的（lawlike）规则性相悖，更一般地与预期相悖。正如我们所看到的，波普尔已经把“反驳”当成了其哲学的核心。库恩煞费苦心地指出，很少有单纯的反驳这样一种东西。我们总是倾向于看到期望的东西，即使它并不存在。要想真正看清一项与既定秩序相悖的“反常”，往往需要很长时间。

并非每一项反常都会得到重视。1827 年，罗伯特·布朗（Robert Brown）通过显微镜注意到，漂浮的花粉颗粒不断地跳来跳去。在被纳入分子运动论之前，此现象只是被当作一种没有任何意义的反常。一旦得到理解，这种运动就成了分子理论的有力证据，而此前它仅仅是一种奇特的现象。许多现象都是如此，它们与理论相悖，却被搁置一旁。理论与数据之间总是存在差异，其中许多还很大。认识到某种东西是必须加以解释的重大反常，而不仅仅是一项迟早会弄清楚的偏差，这本身是个复杂的历史事件，而不是单纯的反驳。

xxvii

危机（第七至八章）

危机与理论变化总是协同并进。反常变得难以处理，再大的修补也无法将其纳入既有的科学。但库恩坚持认为，这本身并不足以导致现有的理论遭到抛弃。“决定拒斥一个范式的同时，总是决定接受另一个范式。导致这一决定的判断不仅涉及范式与自然的比较，而且涉及范式之间的比较。”（第 78 页）接下来有一段话语气更强：“拒斥一个范式而不同时接受另一个范式，等于拒斥科学本身。”

危机涉及一段反常研究而非常规研究的时期，在此期间，“相互竞争的阐述迅速增加，愿意尝试任何东西，明确表达不满，求助于哲学，就基础进行争论”（第 91 页）。从这种纷乱中产生了新思想、新方法乃至新理论。库恩在第九章谈到了科学革命的必然性。他似乎在强调，倘若没有反常、危机和新范式这种模式，我们就会陷入泥潭。那样一来，我们根本不会获得新理论。对库恩而言，新奇是科学的一个标志；没有革命，科学就会退化。我们可以想想库恩在这一点上是否正确。科学史上大多数深刻的新奇事物都源于一场革命，并且具有《结构》所述之结构吗？用现代广告用语来说，也许所有真正的新奇事物都是“革命性的”。问题在于，《结构》是否为理解它们如何产生提出了一个正确的模板。

世界观的改变（第十章）

大多数人都承认，一个共同体或一个人的世界观会随着时间而改变。我们最多是对“世界观”这个过于浮夸的字眼感到不悦。它来源于德文词“Weltanschauung”，本身几乎已经是个英文词了。当然，如果真的发生过范式转换，观念、知识和研究计划都发生了革命，那么我们对自己所身处世界的看法也将 xxviii
改变。谨慎的人会说，发生改变的是人的世界观，世界本身并没有变。

但库恩想说的东西更有趣。革命之后，领域发生了改变，该领域的科学家其实是在一个不同的世界里工作。较为谨慎的人会说，那只是个隐喻。严格说来，世界只有一个，现在的世界就是过去那个世界。我们也许希望未来的世界会更好，但在分析哲学家所偏爱的一种严格意义上，它仍然是同一个世界，只不过有所改进罢了。在欧洲的大航海时代，探险家们将所到之地命名为新法兰西、新英格兰、新苏格兰、新几内亚等等，这些地方当然不是旧的法兰西、英格兰和苏格兰。在这种地理和文化的意义上，我们谈论旧世界和新世界，而当我们考虑整个世界即所有的一切时，就只有一个世界。当然，世界不止一个：我与歌剧女主角或说唱歌手生活在不同的世界。因此，谈论不同的世界很容易出现混淆，它可能意指各种各样的事物。

在第十章“革命作为世界观的改变”中，库恩努力以我所谓的“试验”模式来处理这种隐喻，不是断言如此这般，而是说，“我们也许想说”如此这般。但他的意思绝不只是我刚才提到的任何隐喻。

1. “……我们不由得要说，哥白尼之后，天文学家生活在一个不同的世界里。”（第 117 页）

2. “……我们不得不说，发现氧气之后，拉瓦锡在一个不同的世界里工作。”（第 118 页）

3. “[化学革命] 结束后……数据本身已经改变。正是在这最后一种意义上我们说，革命之后的科学家在一个不同的世界里工作。”（第 134 页）

在第一段引文中，他想表达的是，天文学家“用旧仪器观看旧对象”（第 117 页），却能轻而易举地观察到新现象，这给他留下了深刻的印象。

xxix 在第二段引文中，他闪烁其词地说，“既然没有理由假定自然固定不变”，变的只是 [拉瓦锡的] 看法，我们不得不说，“拉瓦锡在一个不同的世界里工作”（第 118 页）。这里，（如我这等）古板的批评者会说，我们并不需要“自然固定不变”。诚然，自然是变动不居的；我在花园里修剪花草，此时的一切已不同于五分钟之前的样子，因为我已经除去了一些杂草。然而，只存在着一个世界，这可不是一个“假说”——我在这个世界里修剪花草，拉瓦锡也在这个世界走向断头台。

（但那是一个多么不同的世界啊！）可以看到，事情会变得多么混乱。

至于第三段引文，库恩解释说，他并非是指更为复杂精确的实验提供了更好的数据，尽管这并非毫不相干。这里争论的是道尔顿（John Dalton）的论点，即元素以固定比例结合成化合物，而不仅仅是混合物。多年以来，这与最好的化学分析结果一直不相容。当然，由此一来就不得不改变概念：物质的结合若非以大致固定的比例进行，就不是化学过程。要想弄清楚这一切，化学家必须“迫使自然就范”（第 134 页）。这听起来的确像是改变世界，尽管我们也想说，化学家所研究的那些物质与亿万年前地球冷却成型时的地表物质是同样的东西。

阅读这一章时，您会发现库恩的意图逐渐清晰起来。但您必须判断，何种形式的言辞适合表达他的思想。“只要你知道自己的意思，随便怎么说都行”这一格言似乎是适当的，但也不尽然。谨慎的人也许会同意，革命之后，科学家会以不同的方式看待世界，对世界的运作方式有不同的感受，注意到不同的现象，困惑于新的难题，以新的方式与世界互动。库恩想说的不止于此。但付诸文字时，他又执着于“试验”模式，执着于一个人“也许想说”什么。他从未白纸黑字地断言：拉瓦锡（1743—1794）之后，化学家生活在一个不同的世界里，道尔顿（1766—1844）之后，化学家生活的世界再次不同。

xxx

不可公度性

关于不同的世界，从未有过激烈争论，但一个与之密切相关的议题却掀起了一场争论的风暴。撰写《结构》时，库恩在伯克利。我曾经提到，卡维尔是他亲密的同事。打破旧习的保罗·费耶阿本德也在那里，他以《反对方法》（*Against Method*, 1975）一书和宣扬科学研究中的无政府主义（“怎样都行”）而著称。他和库恩公开讨论过“不可公度”一词，并曾惺惺相惜、引为同道，但此后却分道扬镳。结果导致了一场激烈的哲学混战，争论的是相继的（革命之前和之后的）科学理论究竟在多大程度上能够相互比较。我认为相比于库恩的任何说法，费耶阿本德的浮夸言辞更能为这场混战火上浇油。另一方面，费耶阿本德放弃了这个论题，而库恩却念兹在兹，直到晚年。

也许关于不可公度性的论战只可能发生在逻辑经验主义所搭建的舞台上。库恩撰写《结构》时，逻辑经验主义正是科学哲学中流行的正统。这是一种偏重语言学的思路，焦点在意义。以下是对这种思路的一种过分简单化的模仿。我并不是说有人发表过如此天真的言论，但它的确把握了要旨。有人认为，对于可观察的事物，我们用手指着就能学习其名称。但对于电子这样无法指认的理论实体，情况又该如何呢？我们被告知，其意义只能得自于它们所出现的理论语境。因此，若是理论变了，意义也必定会变。于是，有关电子的同一句陈述在不同的理论语境下有不同的意义。如果一种理论说这句话是真的，另一种理论说它是假的，这并不存在矛盾，因为这句话在两种理论中说的是不同的事情，无法进行比较。

人们常常以质量为例对这个议题进行争论。“质量”一词对于牛顿和爱因斯坦都是至关重要的。对于牛顿，人人皆知 $f=ma$，而对于爱因斯坦，人人皆知 $E=mc^2$。但后者在经典力学 xxxi
中没有意义。因此，（有人强调）这两种理论其实是无法比较的，因此（一个更糟糕的“因此”）偏爱一种理论甚于另一种并无理性基础。

于是，有些人指责库恩否认了科学的合理性，另一些人则将他誉为新相对主义的先知。这两种想法都是荒谬的。库恩对这些议题作过直接回应。[39] 理论应当能够作出准确预言，应当一致，涵盖面广，以有序而融贯的方式呈现现象，并能卓有成效地表明新的现象或现象之间的关系，这是库恩和整个科学家（更不用说历史学家）共同体都赞同的五种价值观念。这便是（科学）合理性的部分实质，在这方面，库恩是一位“理性主义者”。

对于不可公度性学说，我们必须小心谨慎。学生们在高中学习牛顿力学，在大学物理系学习相对论。火箭是按照牛顿力学设计的，大家说牛顿力学是相对论力学的一个特例。早先改信爱因斯坦的人对牛顿力学烂熟于心。那么，是什么东西不可公度呢？

---

[39] Kuhn, “Objectivity, Value Judgment, and Theory Choice” (1973), in *The Essential Tension*, pp.320-339.

在《客观性、价值判断和理论选择》一文的结尾，库恩“径直断言了”他一向的说法。“拥护不同理论的人，彼此之间的交流有很大限制。”此外，“一个人从拥护一种理论转向拥护另一种理论，最好被称为改信而不是选择”（同上书，第 338 页）。那时人们对于理论选择极为热衷；许多参与争论的人的确主张，科学哲学家的首要任务就是对理性的理论选择的原则进行确认和分析。

库恩所质疑的正是理论选择这一观念。说某位研究者选择
xxxii 了一种他据以工作的理论，通常近乎无稽之谈。新入学的研究生或博士后确实要选择实验室来掌握本行的工具，但他们并不因此就选择了一种理论，即使他们是在选择未来的生活道路。

拥护不同理论的人虽然有交流上的难处，但这并不意味着他们无法比较其专业成果。“无论新理论在传统的拥护者们看来是多么不可理解，展示这些令人难忘的具体成果至少也能说服少数人，他们必须发现这些成果是怎样取得的。”（同上书，第 339 页）还有一个现象，若不是因为库恩的思想，可能也不会有人注意。那就是大规模的研究，比如在高能物理学中，通常需要许多在细节上彼此隔膜的专业人士之间的协作。这种协作是如何可能的呢？他们逐渐形成了一种类似于克里奥尔语的（creoles）“交易区”（trading-zone），当两个非常不同的语言群体进行交易时，这种“交易区”就出现了。[40]

---

[40] Peter Galison, *Image and Logic: A Material Culture of Microphysics* (Chicago, IL: University of Chicago Press, 1997), chap. 9.

库恩渐渐意识到，不可公度性概念有意想不到的帮助。专业化是人类文明的一个事实，也是各门科学的一个事实。在17世纪，我们习惯于多用途的期刊，其原型是《伦敦皇家学会哲学会刊》(*Philosophical Transactions of the Royal Society of London*)。多学科的科学今天继续存在，《科学》和《自然》等周刊便是明证。然而在我们进入电子出版时代之前，科学期刊就一直在激增，每一种期刊都代表着一个学科共同体。库恩认为这是可以预见的。他说科学是达尔文式的，革命往往类似于物种的形成，一个物种分化成两个，或者一个物种持续存在，但有一个变种暗地里遵循着自己的演化之道。在危机中可能会出现不止一个范式，每一个范式都能包容一组不同的反常，并且扩展到新的研究方向。随着这些新的学科分支的发展，每一个学科分支都有自己的成就作为研究范例，不同学科分支的研 xxxiii
究者越来越难理解彼此所做的事情。这并非深奥的形而上学观点，而是任何从事实际工作的科学家都熟悉的一个事实。

正如新物种的典型特征是不杂交繁殖，新学科彼此之间也在一定程度上无法理解。这是对不可公度性概念的有实际内容的应用，它与关于理论选择的那个伪问题毫无关系。库恩晚年一直试图通过一种新的科学语言理论来解释诸如此类的不可公度性。他骨子里是物理学家，他提出的理论也有同样的性质，即试图把一切事物都归结为一种简单而抽象的结构。这种结构视《结构》为理所当然，却与之大相径庭，但它同样反映了这位物理学家的强烈欲望，要把各种现象清晰地组织起来。

这一工作尚未发表。[41] 人们常说，库恩彻底推翻了维也纳学派及其继承者的哲学，开创了“后实证主义”。但他使维也纳学派的许多预设得以长存。鲁道夫·卡尔纳普（Rudolf Carnap）最著名的著作名为《语言的逻辑句法》（*The Logical Syntax of Language*）。可以说，库恩晚年的工作也在致力于探讨科学语言的逻辑句法。

通过革命而进步（第十三章）

科学的进步是跳跃式的。对于许多人来说，科学的进展乃是进步的缩影。要是政治生活或道德生活能像这样就好了！科学知识是积累性的，在以前的基础上攀登新的高峰。

这正是库恩对常规科学的描绘。它确实是积累性的，但革命摧毁了这种连续性。随着一种新的范式提出一组新问题，旧科学做得不错的许多事情可能会被遗忘。这的确是一种无可置
xxxiv 疑的不可公度性。革命之后，研究主题可能会发生重大转变，因此新科学根本不会讨论所有旧主题。许多曾经适当的概念，它可能也会将其修改或抛弃。

那么进步如何体现呢？我们原以为科学是在自己的领域朝着真理迈进。库恩并没有挑战对常规科学的这种构想。他的分析

[41] 参见 Conant and Haugeland, “Editor’s Introduction”, in *The Road since Structure*, p.2。许多这类材料都将发表于即将出版的 James Conant, ed., *The Plurality of Worlds* (Chicago, IL: University of Chicago Press) 中。

原创性地解释了，为什么常规科学这种社会建制能自行快速进步。然而革命却有所不同，它们对于另一种进步是必不可少的。

革命改变了研究领域，甚至（根据库恩的说法）改变了我们用来谈论自然某个方面的语言。无论如何，它转向自然的一个新的部分进行研究。由此库恩给出了他那句格言：革命通过**远离**先前陷入重大困难的世界观而进步。这种进步并非朝向预定的目标，而是远离曾经运作良好，但已不再能处理自身新问题的旧框架。

“远离”似乎对那种主导的科学观念提出了质疑，即科学旨在追求关于宇宙的**唯一**真理。认为关于万事万物有且只有一种完整的正确解释，在西方传统中根深蒂固。它源于实证主义的创始人奥古斯特·孔德（Auguste Comte）所谓人类探究的神学阶段。[42] 在犹太教、基督教和伊斯兰教宇宙论的通俗版本中，关于万事万物只有一种正确的完整解释，即神所知道的东西。（哪怕是一只麻雀的死，神都知晓。）

这种意象转移到了基础物理学中，许多物理学家可能自豪地宣称自己是无神论者，却理所当然地认为只存在一种关于自 xxxv

[42] 孔德（1798—1857）选择用“实证主义”（positivism）来命名其哲学，是因为他认为“实证”（positive）一词在所有欧洲语言中都有正面含义。孔德是典型的乐观主义者，信仰进步，主张人类为了理解自己在宇宙中的地位，首先祈求神明，然后通过形而上学，最后（1840 年）进入了实证时代，借助科学研究来掌控自己的命运。受孔德和罗素的启发，维也纳学派自称逻辑实证主义者，后来自称逻辑经验主义者。如今，人们通常把逻辑实证主义者称为实证主义者，我在文中也遵循这一惯例。严格说来，实证主义指的是孔德的反形而上学思想。

然的完整解释有待发现。你若认为它言之有理，它就成了科学进步所**朝向**的理想。于是，库恩说进步是一种“远离”，似乎是完全错误的。

库恩拒绝接受这种图景。他在《结构》第 170 页问：“设想存在着一种完整、客观、正确的对自然的解释，并认为对科学成就的正确衡量就是它在多大程度上使我们接近了这个终极目标，这真的有帮助吗？”许多科学家会说当然有帮助，这正是他们理解自己所做的事情和为什么这些事情值得做的基础。但库恩这个修辞性的反问过于简略，读者仍需继续思考这个问题。（我本人也有库恩这种怀疑，但这个问题并不容易，不能仓促作答。）

真　理

库恩并不认同“存在着一种完整、客观、正确的对自然的解释”。这是否意味着他也不认同真理呢？绝对不是。正如他所指出的，除了在引用培根的话时，《结构》对真理未置一词（第 169 页）。热爱事实的智者在试图确定某事物的真理性时，不会陈述一种“真理理论”，他们也不应这么做。熟悉当代分析哲学的人都知道，有数不清的真理理论在相互竞争。

库恩的确拒绝接受那种简单的“符合论”，即声称真陈述符合关于世界的事实。大多数头脑冷静的分析哲学家可能也会拒绝接受这种理论，因为它明显存在循环论证——除非把陈述表述出来，否则无法指明与该陈述相符的事实。

20 世纪末，怀疑主义浪潮席卷美国学术界，许多颇具影响的知识分子否认真理即美德，并且视库恩为盟友。这些思想家非要给“真理”一词加上引号（无论在字面意义上还是比喻意义上），否则不愿写下或说出这个词，以表明这个概念害处太 xxxvi
大、让人惧怕。许多爱好深思的科学家尽管非常赞赏库恩关于科学的大部分说法，却认为他鼓励了真理的否认者。

《结构》的确大大推动了科学的社会学研究。其中一些工作强调事实是“社会建构的”，从而堂而皇之地加入了否认“真理”的队伍，保守科学家所声讨的正是这些工作。库恩明确表示，他本人非常厌恶这种对其工作的发展。[43]

请注意，《结构》中并没有社会学。然而，正如我们所看到的，科学共同体及其实践处于全书的核心，与范式一道于第 10 页出现，直到全书最后一页。科学知识社会学在库恩之前就有，但在《结构》之后开始迅速发展，并且引出了今天所谓的“科学学”（science studies）。这是一个自生领域（当然有自己的期刊和社团），包括一些科技史和科技哲学工作，但其重点是各种社会学进路，有些是观察性的，有些是理论性的。库恩之后，关于科学的原创性思考大都有一种社会学倾向。

库恩对这些发展持否定态度。[44] 在许多年轻的研究者看来，

---

[43] Kuhn, “The Trouble with the Historical Philosophy of Science” (1991), in *The Road since Structure*, pp.105-120.

[44] Ibid.

这令人遗憾。我们不妨将其归因于他对这一领域发展初期的困难感到不满，而不是贸然引入乏味的父子斗争隐喻。库恩留下的一项非凡遗产就是我们今天所谓的“科学学”。

成 功

《结构》起初是作为《国际统一科学百科全书》(*International Encyclopedia of Unified Science*)的第2卷第2期发表的。其第一和第二版的扉页（第i页）和目录页（第iii页）都写明了这一点。第ii页还列出了关于《国际统一科学百科全书》的一些
xxxvii 事实，比如28位编辑和顾问的名单。其中大多数人的名字即使在50年后的今天也耳熟能详，如塔斯基、罗素、杜威、卡尔纳普和玻尔等。

这部《国际统一科学百科全书》是纽拉特及其维也纳学派成员所发起的一项计划的一部分。为了躲避纳粹迫害，它从欧洲转移到了芝加哥。[45] 根据纽拉特的设想，它至少有14卷，包括由专家撰写的许多短篇专著。库恩交稿时，它才出到第2卷的第一部专著。此后，这部《国际统一科学百科全书》便陷入垂死状态。大多数评论家都发现，库恩在这里发表《结构》颇具讽刺性，因为《结构》破坏了隐含在该计划背后的所有实证

[45] 关于这个引人入胜的计划的历史，参见 Charles Morris, “On the History of the *International Encyclopedia of Unified Science*”, *Synthese* 12 (1960): 517-521。

主义学说。对此，我已经表达了不同看法，认为库恩继承了维也纳学派及其同时代人的预设，保持了其基本原则。

此前，只有少数专业人士才去读《国际统一科学百科全书》的专著。不知芝加哥大学出版社是否知道《结构》所引发的轰动？ 1962—1963 年,《结构》售出 919 册；1963—1964 年售出 774 册。次年,《结构》平装版售出 4825 册，此后便居高不下。到了 1971 年,《结构》第一版总共售出超过 9 万册；其后的第二版（增加了“后记”）延续了这一势头。到了 1987 年年中，出版 25 年来,《结构》的总销量已近 65 万册。[46]

有一段时间，人们把《结构》列为引用率最高的出版物之一，其表现不亚于通常涉及的《圣经》和弗洛伊德的著作。新千年到来之际,《结构》常常出现在各大媒体开列的五花八门的“20 世纪最佳著作”榜单上。

更重要的是,《结构》的确真正改变了“现在支配我们的科学形象”。永远改变了。

[46] 源自芝加哥大学出版社的档案材料，由 Karen Merikangas Darling 检索得到。

序　言

xxxix 本书[*]是大约15年前构想的一项计划的第一份完整出版的报告。那时我还是读理论物理学的研究生，即将完成我的博士论文。我有幸参与了一项实验性的大学课程，为非理科生介绍物理学，从而第一次接触到科学史。令我完全始料未及的是，对过时的科学理论和实践的了解，彻底颠覆了我关于科学本质和科学之所以特别成功的理由的一些基本观念。

那些观念部分来自我以前所受的科学训练，部分来自长期以来我对科学哲学的业余兴趣。不知怎的，无论这些观念在教学上有何用处，在抽象层面似乎有多么合理，它们都与历史研究所呈现的科学事业完全不符。但无论过去还是现在，它们对许多科学讨论都十分基本，因此它们的失真似乎值得彻底研究。结果，我的职业生涯发生了剧变，从物理学转向了科学史，然后又从相对直接的历史问题逐渐转回到最初把我引向历
xl 史的更为哲学的问题。除几篇论文外，本书是我发表的第一部

---

* 《科学革命的结构》最初是以论文（essay）形式发表的，所以原书中提到它时使用的都是“本文”（this essay）。不过库恩在1969年写的后记中已经称之为“本书”（this book）了。为了行文的方便，我们通篇都译为“本书”。——译者

以这些早期兴趣为主导的作品。在某种意义上，我也试图向自己和朋友们解释我当初是如何从科学转向科学史的。

哈佛大学学者会（Society of Fellows of Harvard University）提供的三年“青年研究员”（Junior Fellow）奖学金，使我第一次有机会深入探讨本书的某些观点。如果没有那段自由的时光，转到一个新的研究领域将会困难得多，甚至可能失败。在那些年里，我把部分时间花在了科学史上。特别是，我继续研究了亚历山大·柯瓦雷（Alexandre Koyré）的著作，并且初次接触到埃米尔·梅耶松（Emile Meyerson）、埃莱娜·梅斯热（Hélène Metzger）和安内莉泽·迈尔（Anneliese Maier）的著作。[1] 他们比大多数其他现代学者更清楚地表明，在一个科学思想准则与今天流行的准则大不相同的时期，科学思考是什么样子。虽然我对他们某些特定的历史诠释逐渐产生了质疑，但他们的著作连同拉夫乔伊（A. O. Lovejoy）的《存在的巨链》（*Great Chain of Being*），对于形成我的科学思想史观所起的作用仅次于原始资料。

然而那些年，我大部分时间都在探索其他领域，这些领域与科学史并无明显关联，但研究它们所揭示的问题却类似于

[1] 特别有影响的是 Alexandre Koyré, *Etudes Galiléennes* (3 vols.; Paris, 1939); Emile Meyerson, *Identity and Reality*, trans. Kate Loewenberg (New York, 1930); Hélène Metzger, *Les doctrines chimiques en France du début du XVII*^{e} *à la fin du XVIII*^{e} *siècle* (Paris, 1923) and *Newton, Stahl, Boerhaave et la doctrine chimique* (Paris, 1930); and Anneliese Maier, *Die Vorläufer Galileis im 14. Jahrhundert*（“Studien zur Naturphilosophie der Spätscholastik”; Rome, 1949）。

科学史让我注意到的问题。一个偶然看到的脚注使我注意到了让·皮亚杰（Jean Piaget）的实验，通过这些实验，皮亚杰阐明了正在成长的儿童的各种世界，以及从一个世界到另一个世界的转变过程。[2] 一位同事让我去读知觉心理学的论文，特别是格式塔心理学家的著作；另一位同事向我介绍了沃尔夫（B.
xli L. Whorf）关于语言影响世界观的各种推测；蒯因（W. V. O. Quine）则使我理解了分析－综合区分这个哲学难题。[3] 这种自由的探索正是哈佛大学学者会所允许的，也只有通过这种探索，我才会碰上卢德维科·弗莱克（Ludwik Fleck）那部几乎不为人知的论著——《一个科学事实的起源和发展》（*Entstehung und Entwicklung einer wissenschaftlichen Tatsache*，Basel，1935），它预见到了我本人的许多思想。弗莱克的工作连同另一位年轻学者弗朗西斯·萨顿（Francis X. Sutton）的评论使我认识到，那些思想也许需要在科学共同体的社会学中才能确立。虽然接下来我很少会引用这些著作和交谈，但它们对我的帮助超出了我现在所能重构或评价的程度。

在身为青年研究员的最后一年，波士顿的洛厄尔学院

---

[2] 皮亚杰的两组研究特别重要，因为它们展示的概念和过程也直接见于科学史：*The Child's Conception of Causality*, trans. Marjorie Gabain (London, 1930), and *Les notions de mouvement et de vitesse chez l'enfant* (Paris, 1946)。

[3] 沃尔夫的论文由 John B. Carroll 结集出版：*Language, Thought, and Reality—Selected Writings of Benjamin Lee Whorf* (New York, 1956)；蒯因在他的“Two Dogmas of Empiricism”中提出了自己的观点，此文重印于他的 *From a Logical Point of View* (Cambridge, Mass., 1953), pp. 20-46。

（Lowell Institute）邀我讲演，使我第一次有机会试验我尚不成熟的科学观念。于是 1951 年 3 月，我一连作了八场公开讲演，题目是《追寻物理理论》（The Quest for Physical Theory）。第二年，我开始正式讲授科学史，此后将近十年，由于是在一个我从未系统研究过的领域教书，我很少有时间将最初吸引我进入科学史的那些观念阐述清楚。不过幸运的是，那些观念为我的许多进阶课提供了潜在的方向和某种问题结构。因此，我要感谢学生们给予我的宝贵教训，使我的观点更加可行，也使我的技巧更适合有效地表达它们。我在青年研究员期满后发表的论文主要是历史研究，而且主题多样，上述问题和方向使其中大多数研究获得了统一性。其中一些论文讨论了某种形而上学在创造性的科学研究中扮演的不可或缺的角色。另一些论文考察了相信一种不相容的旧理论的人们是如何积累和吸纳新理论的实验基础的。在此过程中，它们描述了我在本书中所说的那种
发展类型，即新理论或新发现的“出现”（emergence）。除此之 xlii
外还有其他联系。

孕育本书的最后一个阶段始于我应邀在斯坦福大学行为科学高等研究中心（Center for Advanced Studies in the Behavioral Sciences）度过的 1958—1959 年。我再次能够全神贯注地思考以下讨论的问题。更重要的是，在主要由社会科学家组成的共同体中度过一年，使我面对着一些出乎预料的问题，涉及这些共同体与我接受训练的自然科学家共同体之间的差异。特别是，关于什么才是合理的科学问题和方法，社会科学家之间

的明显分歧在数量和程度上都令我惊讶。历史和亲知都使我怀疑，对于这些问题，自然科学家的回答是否比社会科学家的更为可靠或持久。然而不知怎的，天文学、物理学、化学或生物学的实践通常不会引出关于基本问题的争论，而在今天的（比如说）心理学家或社会学家当中，这些争论似乎已经司空见惯。试图发现这种差异的来源，使我认识到我后来所谓的“范式”在科学研究中扮演的角色。我所谓的“范式”是指一些得到公认的科学成就，它们在一段时间内为某个研究者共同体提供了典型的问题和解答。一旦看清楚我的疑难的这个部分，本书初稿便很快成形了。

这份初稿的后续历史在此不必赘述，但关于它几经修改所保留的形式需要交代几句。直到第一版完成并作了大幅修订，我都以为它会作为《国际统一科学百科全书》中的一卷问世，这是一套具有开拓性的著作。编辑们先是向我邀稿，然后坚定地让我作出承诺，最后又以无比的通达和耐心等待结果。我非常感激他们，尤其是查尔斯·莫里斯（Charles Morris）对我的鞭策以及对文稿提出的建议。但由于《国际统一科学百科全书》篇幅有限，
xliii 我只能以极为简要和提纲挈领的方式表达我的观点。虽然后来发生的事情使这些限制有所放松，并使该书有可能同时单独出版，但它仍然是一篇论文，而不是我的主题最终需要的完整的书。

由于我最基本的目标是敦促学界改变对我们所熟知的资料的看法和评价，所以初次表达时采取纲要形式并不必然是缺陷。恰恰相反，有些读者因自己的研究而认同这里所倡导的重

新定向，也许会觉得这种论文形式更有启发性和更容易理解。但它也有不利的地方，因此我从一开始就应当说明，我希望最后能在一本篇幅更大的书中就广度和深度进行扩展。历史证据要比我下面所能探讨的内容多得多，而且证据不仅来自物理学史，也来自生物学史。我决定只讨论物理学史，这既是为了增加本书的连贯性，也是基于笔者目前的能力。此外，这里提出的科学观为历史学和社会学中一些新的研究类型指出了潜在的用途。例如，反常或违反预期以何种方式吸引了科学共同体越来越多的注意，就需要做详细研究。消除反常的努力一再失败，从而引发危机，也需要做这样的研究。再如，倘若我说的不错，即每一次科学革命都会使经历革命的共同体改变历史视角，那么视角的改变将会影响革命之后教科书和研究报告的结构。研究报告脚注中所引技术文献分布的变化就是这样一种影响，它应作为革命发生的一个可能指标而加以研究。

由于内容被大大压缩，我也不得不放弃对一些重要问题的讨论。例如，我对科学发展中前范式时期与后范式时期的区分显得太过示意和简略。在前范式时期竞争的每个学派都受到某种很像 xliv
范式的东西的指导，在后范式时期也有两种范式能够和平共处的情况，尽管我认为这样的情况并不多见。仅仅拥有一种范式并不足以引发第二章所讨论的发展转变。更重要的是，除了偶尔的简要旁白，我并未谈及技术进步或外在的社会、经济和思想状况在科学发展中的作用。然而，只要看看哥白尼和历法就会发现，外在条件也许有助于把一个单纯的反常变成一场重大危机的导火索。

这个例子也表明，对于试图通过提出某种革命性变革来结束一场危机的人来说，科学以外的条件可能会影响他可选择的范围。[4]我认为，明确考虑诸如此类的影响不会改变本书提出的主要论点，但肯定会为我们关于科学进步的理解增加一个极为重要的分析维度。

最后，也许最重要的是，篇幅的限制严重影响了我对本书历史取向的科学观的哲学含义的讨论。这些含义显然是存在的，我也试图指出并且用文献支持了其中主要的含义。但我通常不去详细讨论当代哲学家在相应议题上采取的各种立场。在我表示怀疑的地方，我更多是针对一种哲学态度，而不是它的任何一个明确表述。结果，一些知道并采取其中某种明确立场
xlv 的人也许会认为我误解了他们的意思。我认为他们错了，但本书并不打算说服他们。若想说服他们，需要一本长得多又很不一样的书才行。

这篇序言开头的传记片段用以表达我对一些学术著作和机构的谢意，它们帮助我塑造了我的思想。对其他学人和著作

---

[4] T. S. Kuhn, *The Copernican Revolution: Planetary Astronomy in the Development of Western Thought* (Cambridge, Mass., 1957), pp. 122-132, 270-271 讨论了这些因素。关于外在思想环境和经济状况对实质性科学发展的其他影响，我在以下论文中作了阐述："Conservation of Energy as an Example of Simultaneous Discovery", *Critical Problems in the History of Science*, ed. Marshall Clagett (Madison, Wis., 1959), pp. 321-356; "Engineering Precedent for the Work of Sadi Carnot", *Archives internationales d'histoire des sciences*, XIII (1960), 247-251, and "Sadi Carnot and the Cagnard Engine", *Isis*, LII (1961), 567-574。因此，只在涉及本书所讨论的问题时，我才认为外在因素的作用是次要的。

的感谢，我将在以下各页的脚注中表达。但无论在量上还是质上，以上所说和以下所述都不足以表达许多人对我的帮助，他们的建议和批评支持和引导过我的思想发展。本书的思想成形已久，若要列出对它有过影响的人，我的朋友和熟人几乎全都会上榜。因此，我只能列出少数几位最有影响的人，即使记性再差也不会想不起他们。

时任哈佛大学校长的詹姆斯·柯南特最早引领我进入科学史，从而使我对科学进展本质的看法发生了转变。自那以后，他一直慷慨地提供自己的思想、批评和时间，包括阅读我的初稿，以及提出重要的修改建议。柯南特博士开设的那门历史取向课程，莱纳德·纳什（Leonard K. Nash）和我一起讲授了 5 年。在我的想法刚开始成形的那些年里，他是我更为积极的合作伙伴，在发展那些想法的后期阶段，我非常怀念他。不过幸好，我离开坎布里奇之后，纳什所扮演的知音等角色被我在伯克利的同事斯坦利·卡维尔所接替。卡维尔是一位主要关注伦理学和美学的哲学家。他所得出的结论居然与我的结论非常一致，这一直激励和鼓舞着我。此外，只有同他交流时，我才能用不完整的句子探索自己的想法。这种交流方式证明他非常理 xlvi
解我的想法，因此在我准备初稿时，能够指引我突破或绕过一些主要障碍。

初稿完成后，还有许多朋友帮我作了润色。如果这里只列出贡献最深远、最具决定性的四个人，我想其他朋友会原谅我的。他们是伯克利的保罗·费耶阿本德、哥伦比亚大学的欧内斯特·内格尔（Ernest Nagel）、劳伦斯辐射实验室的皮埃尔·诺伊斯（H. Pierre Noyes），以及我的学生约翰·海尔布伦（John L. Heilbron）。在我准备最后的定稿时，海尔布伦常常协助我工作。我发现，他们所有的保留意见和建议都极有帮助，但我没有理由相信，他们或上面提到的其他人会完全赞同最后的定稿。

最后要感谢我的父母、妻子和孩子们，这当然是一种完全不同的感谢。我可能最后一个认识到，他们每个人都对我的工作贡献了思想要素。但他们还在不同程度上做了更重要的事情。也就是说，他们让我继续做研究，甚至鼓励我为之全力以赴。任何曾与这样的计划苦斗的人都会认识到，完成它会让亲人付出多大代价。我不知道该怎样感谢他们。

托马斯·库恩

伯克利，加利福尼亚

1962 年 2 月

第一章　导言：历史的角色

如果不把历史仅仅看成逸事或年表的贮藏所，历史就能 1
彻底改变现在支配我们的科学形象。这幅之前形成的形象甚至
是由科学家自己描绘的，主要来自于对已有科学成就的研究。
这些成就记录在经典中，更晚近的记录在教科书中，每一代新
科学家都从这些著作中学习如何从事这一行当。然而不可避免
地，这些书旨在说服和教学，从中得出的科学概念不可能符合
产生这些书的科学事业，就像一国的文化形象不能从旅游指南
或语言教科书中得到一样。本书试图表明，教科书在一些根本
方面误导了我们。它旨在概述一种非常不同的科学概念，这种
概念可以从研究活动本身的历史记录中产生。

不过，如果我们继续寻求和考察历史资料主要是为了回
答从科学教科书中得出的那种不合历史的刻板形象所引出的问
题，新概念就不会产生。例如，教科书似乎常常暗示，书中各
页所描述的观察、定律和理论唯一地例证了科学的内容。这些
书几乎总是让人以为，科学方法仅仅是用以收集教科书资料的 2
操作技巧，以及将这些资料与教科书中的理论概括联系起来的
逻辑操作罢了。由此产生的科学概念对我们理解科学的本质和

发展产生了深刻影响。

如果说科学就是现行教科书中收集的一系列事实、理论和方法，那么科学家就是力争为这些东西作出贡献的人，不论成功与否。科学的发展成了一个逐渐累积的过程，事实、理论和方法单独或一起加入日益增长的科学技巧和知识。科学史这门学科则将这些连续不断的增长和对累积的阻碍载入编年史。这样一来，关心科学发展的历史学家似乎有两项主要任务：一方面，他必须确定当时每一项科学事实、定律和理论是何人在何时发现或发明的；另一方面，他必须描述和解释现代科学教科书的各个组成部分受到了哪些错误、神话和迷信的阻碍，从而无法更快地累积起来。许多科学史研究都曾指向这些目标，今天也不例外。

然而近年来，一些科学史家发现越来越难以履行累积发展观赋予他们的职责。作为累积过程的编年史家，他们发现，研究越多就越难回答这样一些问题：氧气是什么时候发现的？谁最先想出了能量守恒概念？其中有些人逐渐怀疑，提出这类问题根本就是错误的。也许科学并不是通过累积一个个发现和发明而发展的。与此同时，这些历史学家还发现，他们越来越难以区分过去的观察和信念中的“科学”成分与被其前辈信手贴上“错误”和“迷信”标签的东西。例如，他们越是仔细地研
3 究亚里士多德的力学、燃素化学或热质热力学，就越是确定，那些曾经流行的自然观作为一个整体并不比今天流行的自然观更不科学，也并不更是人类特有习性癖好的产物。如果将这些

过时的信念称作神话，那么神话也可以通过现在产生科学知识的方法和理由产生出来。而如果将它们称作科学，那么科学就包含着与我们今天的信念完全不相容的一套信念。面对这两种选项，历史学家必定会选择后者。从原则上讲，过时的理论并非因为已经遭到抛弃就是不科学的。然而，这样的选择很难把科学发展看成一个累积增长的过程。历史研究表明，很难把一个个发明和发现孤立起来看待，这让人有理由对形成这些个别科学贡献的那种累积过程产生深刻的怀疑。

所有这些怀疑和困难导致在以科学为对象的研究中发生了一场编史学革命，尽管这场革命还处于早期阶段。渐渐地，科学史家们已经开始提出新的问题，追踪不同的、往往较少具有积累性的科学发展线索，而且在这样做的时候往往并非完全自觉。他们不再寻求旧科学对我们目前观点的永恒贡献，而是试图展现那门科学在当时的历史整体性。例如，他们不问伽利略的看法与现代科学的看法有什么关系，而是问他的看法与他所在的群体，即他的老师、同时代人和直接的科学继承者的看法有什么关系。不仅如此，在研究该群体与其他类似群体的看法时，他们坚持采取一种通常与现代科学迥然不同的观点，这种观点使那些看法拥有最大的内在融贯性和与自然最密切的相符。从由此产生的著作（亚历山大·柯瓦雷的著作也许最具代表性）来看，科学绝非旧编史学传统的作者们所讨论的那种事业。至少，这些历史研究暗示出一种新的科学形象的可能性。
通过清楚地阐明新编史学的某些含义，本书旨在勾勒出那种 4

形象。

在这种努力的过程中，科学的哪些方面会突显出来呢？至少在陈述顺序上，首先是，方法论的指导本身并不足以对许多类型的科学问题指定唯一的实质性结论。一个知道什么是科学却对电学或化学一无所知的人，若受命考察电学或化学现象，则可能合理地得出若干不相容结论当中的任何一个。在这些合理的可能结论中，他所得出的特定结论也许取决于他之前在其他领域的经验，研究中的偶然事件，或者他个人的性格。例如，他把关于星体的哪些信念带到了化学或电学研究中？与新领域相关的可设想的实验有很多，他决定先做哪一个呢？由此产生的复杂现象的哪些方面，他觉得与阐明化学变化或电亲和力的本质特别相关？至少就个人而言，有时也就科学共同体而言，对这类问题的回答往往是科学发展的关键决定因素。例如，我们将在第二章看到，大多数科学在早期发展阶段都有一个典型特征，那就是有若干迥然不同的自然观在持续竞争，每一种自然观都部分来自于科学观察与方法的要求，而且全都与之大致相容。这些不同学派之间的区别并不在于方法上的某种缺陷——它们都是“科学的”——而在于我们所谓各个学派看待世界以及在这个世界里做科学的不可公度的(incommensurable)方式。观察和经验能够而且必须大大限制可容许的科学信念的范围，否则就没有科学了。但仅凭观察和经验并不能决定这样一套特定的信念。对于某个科学共同体在某一时期所拥护的信念，总有一种由个人与历史的偶然事件混合而成的看似随意的要素在发挥重大影响。

然而，这种随意性要素并不表明任一科学群体无需一套共
有的信念就能从事其行当，也不会使该群体在某一时期实际秉 5
持的这套特殊信念变得不重要。在科学共同体认为还没有明确回答一些问题之前，有效的研究几乎不会开始，比如：宇宙是由哪些基本实体构成的？这些基本实体是如何相互作用并与感官发生作用的？对于这些实体可以提出哪些合理的问题？在寻求解答时需要运用哪些技巧？至少在成熟科学中，这样一些问题的答案（或其完整替代品）已经牢固地嵌入了培养学生从事专业实践的教育启蒙中。那种教育既严格又刻板，因此这些答案渐渐控制了科学心灵深处。在很大程度上，正是由于答案的这种功效，常规研究活动才这么有效率、有方向。第三、四、五章考察常规科学时，我们最终想把那种研究描述为一种顽强而投入的努力，旨在把自然强行纳入专业教育所提供的概念框架。同时我们会问，如果没有这些概念框架，研究是否还能进行，不论在其历史起源中、偶尔在其后来的发展中存在哪些随意性要素。

不过，那种随意性要素的确存在，对科学发展也有重要影响，我们将在第六、七、八章详细考察。大多数科学家不得不终生从事的常规科学基于一个假设，即科学共同体知道世界是什么样子。事业的成功大都来自共同体捍卫这个假设的意愿，如有必要甚至不惜代价。例如，常规科学往往会压制重要的新奇事物，因为这些事物必然会破坏常规科学的基本信念。不

过，只要这些信念继续保有随意性要素，常规研究的本质就会保证新奇事物不会长期受到压制。有的时候，一个用已知规则
6 和程序应该能够解决的常规问题，群体中最杰出的成员无论怎样研究都无法解决。在另一些时候，一件为常规研究而设计制造的仪器未能按照预期方式工作，显示出一种反常，多次努力之后仍不能符合专业预期。通过诸如此类的方式，常规科学一再出错。这时，整个行业都不再能够回避颠覆现有科学实践传统的反常，非常规的研究就开始了，最终使整个行业秉持一套新的信念，为科学实践建立一个新的基础。发生专业信念转移的非常规事件，就是本书中所谓的科学革命。它们打破传统，是对受传统束缚的常规科学活动的补充。

科学革命最明显的例子是科学发展中以前常常被称为革命的那些著名事件。因此，在开始直接详细考察科学革命本质的第九、第十章中，我们将反复讨论科学发展中几个重大的转折点，这些转折点与哥白尼、牛顿、拉瓦锡、爱因斯坦的名字联系在一起。至少在物理科学史上，这些事件比大多数其他事件更能清楚地显示所有科学革命到底是怎么回事。每一场革命都迫使共同体抛弃一种确立已久的科学理论，而赞成另一种与之不相容的理论。每一场革命之后，科学探讨的问题变了，同行用以确定可接受问题或合理解答的标准也变了。每一场革命都改变了科学想象，改变的方式我们最终需要这样描述：世界发生了改变，科学研究是在不同的世界里做的。这些变化连同几乎总是与之伴随的争论，是科学革命最典型的特征。

通过研究比如说牛顿革命或化学革命，这些特征会特别清晰地显示出来。不过，本书的一个基本论点是，通过研究其他
许多并不明显具有革命性的事件，同样可以得到这些特征。对 7
于受麦克斯韦方程影响小得多的专业群体来说，麦克斯韦方程与爱因斯坦方程同样具有革命性，因此同样受到抵制。很自然地，发明其他新理论往往也会激起其专业领域受到侵犯的某些专家的同样反应。对于这些人来说，新理论意味着支配常规科学先前实践的规则即将发生变化，因此新理论不可避免会给利用这些规则成功完成的许多科学工作带来影响。因此一种新理论，无论其应用范围有多么专门，很少或绝不只是对已有知识的一种增加。吸纳新理论需要重建先前的理论，重新评价先前的事实，这本质上是一个革命过程，很少由一个人完成，而且从来不是一蹴而就。历史学家的词汇迫使他们把这个延续的过程看成一个孤立事件，难怪他们很难为之标明确切的发生时间。

在发生革命的领域中，对专家产生革命性影响的科学事件并非只有新的理论发明。支配常规科学的信念不仅指明了宇宙中包含哪些实体，而且还暗示了宇宙中不包含哪些实体。因此（这一点需要进一步讨论），像氧气或 X 射线这样的发现并非只是在科学家的世界里增添了一个新事物而已。最终结果是如此，但这要等到专业共同体对传统实验程序作出重新评价，改变共同体早已熟悉的实体概念，同时转换据以讨论世界的理论网络。科学事实和科学理论无法截然分离，也许除非是在某个常规科学实践传统内部。因此，意外发现不只具有事实上的意

义。也因此，新奇的重要事实或理论不仅在量上丰富了，而且在质上改变了科学家的世界。

这种关于科学革命本质的扩展的观念是本书接下来所要描
8 述的内容。这种扩展固然超越了惯常用法的界限，但我会继续把发现看成革命性的。正因为可以把发现的结构与例如哥白尼革命的结构联系起来，我才觉得这种扩展的科学革命观念如此重要。前面的讨论指明了常规科学和科学革命这两个互补的概念如何在接下来的九章中得到详细阐述。本书的其余部分则试图解决其余三个主要问题。第十一章通过讨论教科书传统，考察科学革命先前为何如此难以觉察。第十二章描述旧常规科学传统的拥护者与新常规科学传统的拥护者之间的革命性竞争。因此在一种说明科学研究的理论中，本章考虑的过程应当取代惯常的科学形象使我们熟悉的那种确证或否证程序。科学共同体各个部门之间的竞争，是实际导致拒斥一种业已接受的理论或采用另一种理论的唯一的历史过程。最后，第十三章将会追问，通过革命而发展如何可能与科学进步这个看似独特的特征相容。不过对于这个问题，本书只作出概略的回答，这种回答依赖于科学共同体的特征，还需要做更多探索和研究。

毫无疑问，有些读者已经在怀疑，历史研究是否可能造成这里所要达成的概念转变。有一大堆二分法可以表明，这实际上是做不到的。我们也常说，历史是一门纯粹描述性的学科。然而，上面提出的论点往往是诠释性的，有时则是规范性的。此外，我的许多概括都涉及科学家的社会学或社会心理学，

但至少我有几个结论在传统上属于逻辑或认识论。在上一段话
中，我似乎已经违背了“发现的语境”（the context of discovery）
和“辩护的语境”（the context of justification）这个颇具影响的
当代区分。像这样把不同的领域和不同的事物混在一起，除了 9
显示极大的混乱还能显示什么呢？

在思想上受到诸如此类的区分的长期影响，我很清楚它们的重要性和影响力。多年以来，我一直认为它们涉及知识的本质，现在我仍然认为，经过恰当的改造，它们能够说明一些重要的东西。但是当我试图把它们用于获得、接受和吸纳知识的实际情况时，即使只是粗略的应用，它们也显得很成问题。现在，它们并非基本的逻辑区分或方法论区分，因此应当先于对科学知识的分析，而是对于用它们来解决的问题的一组传统实质性答案不可或缺的组成部分。这种循环不会使它们失效，但的确使之成为一种理论的组成部分，于是它们也必须像其他领域的理论一样接受详细检查。如果它们的内容不只是纯粹的抽象，我们就必须通过观察它们在意欲阐明的资料中的应用来发现那个内容。对于可以合理地要求用知识理论来讨论的各种现象，科学史怎么可能不是一个宝库呢？

第二章　常规科学之路

10 在本书中，“常规科学”是指牢固地建基于一个或多个过去
的科学成就的研究，某个科学共同体在一段时间里承认，这些
成就为其进一步的研究提供了基础。今天，这些成就被初级或
高级教科书所详述，尽管很少保留其原初形式。这些教科书阐
述了业已接受的理论，例示了它的许多或所有成功应用，并把
这些应用与观察和实验的范例进行比较。这些书在 19 世纪初变
得流行起来（新成熟的科学领域的教科书出现得要更晚），在此
之前，许多著名的科学经典扮演着类似的角色。亚里士多德的
《物理学》、托勒密的《至大论》、牛顿的《自然哲学的数学原理》
和《光学》、富兰克林的《电学》、拉瓦锡的《化学基础论》以
及莱伊尔（Lyell）的《地质学原理》，许多诸如此类的著作都曾
在一段时间里为后续的几代研究者暗中界定了某个研究领域的
合理问题和方法。它们之所以能起到这样的作用，是因为具有
两个关键特征。它们的成就足够空前，因此能够吸引一批坚定
11 的追随者远离科学活动的竞争模式。与此同时，这些成就又足
够开放，有各种问题留待重新界定的研究者群体去解决。

凡是具有这两个特征的成就，我此后便称之为“范式”，

这个词与“常规科学”密切相关。我选择这个词是想表明，一些公认的实际科学实践范例——包括定律、理论、应用和仪器——为特定的融贯的科学研究传统提供了模型。这些传统就是历史学家所谓的“托勒密天文学”（或“哥白尼天文学”）、“亚里士多德力学”（或“牛顿力学”）、“微粒光学”（或“波动光学”）等等。研究者要想成为他所要加入的特定科学共同体的成员，主要是通过对范式（包括许多比上面那些名称专门得多的范式）进行研究。他所要加入的共同体，其成员都是通过相同的明确范例来学习其领域的基础，所以他随后的做法将很少在基本原则上引起争议。以共同的范式为研究基础的人，都信守相同的规则和标准来从事科学。那种信守和由此产生的明显共识乃是常规科学的先决条件，也就是某个特定研究传统创生和延续的先决条件。

在本书中，范式概念常常会取代我们熟悉的各种概念，因此有必要对引入它的理由作出更多说明。为什么具体科学成就作为专业信念的核心，其地位要优先于从中抽象出来的各种概念、定律、理论和观点呢？对于科学发展的研究者来说，共有的范式在何种意义上是一个不能完全还原为可能具有同样功能的逻辑原子组分的基本单元呢？第五章会讨论这些问题，事实证明，对这类问题的回答将是理解常规科学和与之相关的范式概念的基础。然而，我们必须先接触常规科学或起作用的范式的范例，才能作这种更为抽象的讨论。特别是当我们注意到，
即使没有范式，或至少没有像上面那些如此明确和具有约束力 12

的范式，也可能存在某种科学研究时，常规科学和范式这两个相关的概念就会得到澄清。获得一个范式以及该范式所容许的那种更难懂的研究，是任何科学领域发展成熟的一个标志。

如果追溯关于任何一组相关现象的科学知识，历史学家可能会发现一种模式，它与下面用物理光学史来说明的模式大同小异。今天的物理教科书告诉学生，光是光子，是同时表现出波动特性和粒子特性的量子力学实体。研究则依此进行，或者毋宁说是按照更为复杂的数学刻画来进行，并由此派生出这种通常的语言表达。然而，对光的这种刻画，问世还不到半个世纪。在普朗克、爱因斯坦和 20 世纪初的其他人提出它之前，物理教科书说光是横波，这种观念植根于一个范式，它最终源于 19 世纪初杨（Young）和菲涅尔（Fresnel）的光学著作。波动说也并非第一个被几乎所有光学研究者所接受的理论。18 世纪的光学范式来自牛顿的《光学》，它说光是物质微粒。当时的物理学家试图证明光微粒撞击固体会产生压力，而早期的波动说学者则没有这样做。[1]

物理光学范式的这些转变就是科学革命，一种范式经由革命向另一种范式的接连转变便是成熟科学通常的发展模式。然而，这种模式并不是牛顿光学著作问世之前那段时期的典型特征，我们这里关心的正是两者之间的差别。在 17 世纪末以前，

[1] Joseph Priestley, *The History and Present State of Discoveries Relating to Vision, Light, and Colours* (London, 1772), pp. 385-390.

关于光的本质，没有任何一种观点被普遍接受。相反，存在着 13
一些相互竞争的学派和子学派，它们大都拥护伊壁鸠鲁主义、亚里士多德主义或柏拉图主义理论的某个变种。一些人认为，光是从物体中发射出的微粒，另一些人认为，光是物体与眼睛之间介质的一种变化，还有一些人则用眼睛发射出来的东西与介质的相互作用来解释光，此外还有其他各种组合和变式。每一个相应的学派都从它与某种特定的形而上学的关系中汲取力量，都强调其自身理论最能解释的那组光学现象是范式性的观察。其他观察则通过特设性（*ad hoc*）的阐释加以处理，或者作为突出问题留待进一步研究。[2]

所有这些学派在各个时期都对光学的概念、现象和技巧作出过重要贡献，正是从这些贡献中，牛顿得出了第一个几乎被普遍接受的物理光学范式。任何关于科学家的定义若将这些学派中较有创造性的成员排除在外，那么也会将他们的现代继承者排除在外。那些人都是科学家。然而，只要对牛顿以前的物理光学作一考察，任何人都很可能断言：虽然从事该领域的人都是科学家，但他们活动的最终结果却算不上科学。由于没有共同的信念，每一位物理光学作者都不得不从基础重建这个领域。在此过程中，他可以相对自由地选择支持其理论的观察和实验，因为没有一组方法或现象是每位光学作者都不得不使用和解释的。在这些情况下，所写的著作往往既是与自然对

---

[2] Vasco Ronchi, *Histoire de la lumière*, trans. Jean Taton (Paris, 1956), chaps. i-iv.

话，又是与其他学派的成员对话。这种模式在今天的一些创造性领域中很常见，也与重要的发现和发明相容。但它不是牛顿以后物理光学的发展模式，也不是今天其他自然科学常见的发展模式。

14 18 世纪上半叶的电学研究史是一个更为具体和著名的例子，可以表明一门科学在获得第一个普遍被接受的范式之前是如何发展的。在那个时期，有多少重要的电学实验家，比如豪克斯比（Hauksbee）、格雷（Gray）、德萨吉利埃（Desaguliers）、迪费（Du Fay）、诺莱（Nollett）、沃森（Watson）、富兰克林（Franklin），就几乎有多少关于电的本质的看法。所有这些林林总总的电概念有某种共同的东西——它们都部分来源于指导当时全部科学研究的机械论－微粒哲学的某个变种。此外，所有电概念都是实际科学理论的组成部分，这些理论在部分程度上来源于实验和观察，又部分决定着其他研究问题的选择和诠释。不过，虽然所有实验都是电学实验，而且大多数实验家都读过彼此的著作，但他们的理论只有一种家族相似而已。[3]

---

[3] Duane Roller and Duane H. D. Roller, *The Development of the Concept of Electric Charge: Electricity from the Greeks to Coulomb* ("Harvard Case Histories in Experimental Science", Case 8; Cambridge, Mass., 1954); 以及 I. B. Cohen, *Franklin and Newton: An Inquiry into Speculative Newtonian Experimental Science and Franklin's Work in Electricity as an Example Thereof* (Philadelphia, 1956), chaps. vii-xii。本书接下来那段话中的一些分析细节，得益于我的学生海尔布伦的一篇尚未发表的论文。在它即将发表之际，关于富兰克林范式的出现，一个更为详细和精确的论述参见 T. S. Kuhn, "The Function of Dogma in Scientific Research", in A. C. Crombie (ed.), *Scientific change*, New York: Basic Books, 1963, pp. 347–395。

一些遵循 17 世纪做法的早期理论家把吸引和摩擦生电看成
基本的电现象。他们倾向于把排斥看成因某种机械反弹而产生
的次级效应，并且尽量不去讨论和系统研究格雷新发现的电导
效应。另一些自称的“电学家”则认为，吸引和排斥是同样基
本的电现象，并且相应地修改了他们的理论和研究。（实际上，
他们人数很少——甚至连富兰克林的理论也未能很好地解释两
个带负电的物体为何会相互排斥。）但和前面那些人一样，他们 15
也很难同时解释哪怕最简单的电导效应。不过，这些电导效应
为第三批人提供了出发点，他们倾向于把电看成一种能够穿过
导体的“流体”，而不是从非导体中发出的“散发物”。但这批
人的理论又难以解释一些吸引和排斥效应。只是通过富兰克林
及其直接继承者的工作，才出现了一种理论，能够同等方便地
解释几乎所有这些效应，从而为下一代“电学家”提供一个共
同的研究范式。

上面概述的情况在历史上很典型，但也有一些领域是例外，比如数学和天文学，它们第一个可靠的范式可以追溯到史前时期，再比如生物化学，它是由业已成熟的几个专业分离并重新组合而成的。虽然在做这种说明时，我持续用有些随意的单一名称（如牛顿或富兰克林）来称呼一段漫长的历史时期，这种简化颇为不幸，但我认为，类似的基本分歧是一些早期研究的典型特征，比如亚里士多德之前的运动研究、阿基米德之前的静力学研究、布莱克之前的热学研究、波义耳和布尔哈夫（Boerhaave）之前的化学研究、赫顿（Hutton）之前的历

史地质学研究。在生物学的一些分支（比如遗传学研究）中，第一个被普遍接受的范式直到更晚近的时候才出现；而社会科学的哪些分支已经获得了这样的范式，仍然是一个悬而未决的问题。历史告诉我们，建立一种稳固的研究共识是异常艰难的。

不过，历史也暗示了这种艰难的某些理由。没有范式或候选范式时，与某一门科学的发展可能相关的所有事实似乎都同等重要。结果，早期的事实收集活动要比后来科学发展所习惯的那种活动随意得多。此外，如果没有理由来寻找某种特殊形式的深奥难解的信息，早期的事实收集活动就通常仅限于那些
16 信手可得的资料。由此得到的事实不仅包括随意的观察和实验结果，而且还包括从医学、历法和冶金学等业已确立的技艺中得到的更为神秘难懂的资料。由于这些技艺所提供的事实无法被随意地发现，所以技术往往在新科学的产生过程中扮演重要角色。

虽然这种事实收集活动对于许多重要科学的起源都不可或缺，但只要考察过比如普林尼（Pliny）的百科全书著作或 17 世纪培根的自然志，任何人都会发现，这类事实收集活动会产生一堆乱糟糟的东西。能否把由此产生的文献称为科学的，多少让人有些犹豫。关于热、颜色、风和采矿等的培根式的“志”中包含着丰富的信息，其中不乏深奥难解的。但它们把后来被证明具有启发性的事实（例如通过混合而生热）与一时过于复杂而根本无法与理论融为一体的其他事实（例如粪堆会发热）

混杂在一起。[4] 此外，由于任何描述都必定是不完整的，所以典型的自然志在它极为详尽的论述中，常常会遗漏对后世科学家有重要启发的一些细节。例如，早期的电“志”几乎都未曾提到，谷壳被摩擦过的玻璃棒吸引后会再次反弹出去。这种效应似乎是机械效应，而非电效应。[5] 再有，由于随意的事实收集者很少有时间或工具进行批判性的思考，所以自然志常常把上面那些描述与我们现在还无法确证的其他描述（比如逆生热或冷却生热）并列起来。[6] 只有在古代静力学、动力学和几何光学等极少数情况下，几乎不在预先建立的理论指导下收集到 17
的事实，才能清晰到足以使第一个范式有可能出现。

正是这种情况使一门科学在其发展的早期阶段出现了学派林立的特征。如果没有一套至少是隐含的理论信念和方法论信念交织在一起，选择、评价和批评将是不可能的，自然志也就无从得到诠释。如果这套信念并未隐含在收集的事实中——如果隐含，这些事实就不再是“纯粹的事实”了——则它们必定由外界提供，比如某种流行的形而上学、另一门科学或者个人和历史的

---

[4] 试比较培根对热的自然志的概述，参见 F. Bacon, *Novum Organum,* Vol. VIII of *The Works of Francis Bacon*, ed. J. Spedding, R. L. Ellis, and D. D. Heath (New York, 1869), pp. 179-203。

[5] Roller and Roller, *op. cit.,* pp. 14, 22, 28, 43. 只有在 p. 43 记录的工作完成之后，排斥效应才被普遍承认是电效应。

[6] Bacon, *op. cit.,* pp. 235, 337 说：“微温的水比很冷的水更容易结冰。”关于这种奇特观察的早期历史的部分论述，参见 Marshall Clagett, *Giovanni Marliani and Late Medieval Physics* (New York, 1941), chap. iv。

偶然事件。难怪在任何科学发展的早期阶段，面对着同一类型但通常并不完全相同的特殊现象，不同人会以不同的方式来描述和诠释。令人惊讶的是，这些最初的分歧到头来竟然多半会消失不见，就其程度而言也许是所谓科学领域的独特之处。

这些分歧的确在很大程度上消失了，而且似乎是永远消失了。这种消失是由一个前范式学派的胜利所造成的。因其自身的典型信念和先入之见，该学派只强调那个庞大且不成熟的信息库中某个特定的部分。认为电是流体，从而特别强调电导现象的那些电学家提供了一个极好的案例。受这种信念（它很难处理已知的各种吸引和排斥效应）的引导，其中一些人设想把电流体装到瓶子里。其努力的直接成果就是莱顿瓶，这种装置也许永远不会被一个偶尔或随意探索自然的人所发现，但事实上，至少有两位研究者在 18 世纪 40 年代初独立地设计出了这种装置。[7] 几乎从其电学研究之始，富兰克林就特别关心如何解释这种奇特而又别具启发性的专门仪器。他在这件事上的成
18 功提供了最有效的论证，使他的理论成为一种范式，尽管这种理论尚不能解释所有已知的电排斥现象。[8] 一种理论要被接受为范式，必须看上去优于其竞争对手，但它不需要、事实上也不可能解释它所面对的所有事实。

电的流体理论为信奉它的小群体所提供的东西，富兰克林

[7] Roller and Roller, *op. cit.*, pp. 51-54.

[8] 麻烦的情况是带负电物体的相互排斥，对此参见 Cohen, *op. cit.*, pp. 491-494, 531-543。

的范式后来也为整个电学家群体提供了。它暗示了哪些实验值得做，哪些实验由于涉及次要的或过于复杂的电现象而不值得做。在这件事情上，只有范式才有效得多，这既是因为学派内部的争论终止了，从而终止了对基本问题的不断重述，也是因为他们自信所走的道路是正确的，从而激励科学家去从事那种更为精确、深奥和费力的工作。[9] 由于从关注任何电现象和所有电现象中解放出来，这个统一的电学家群体能对特定的现象作出更详细的研究，设计出许多专门的仪器，并且比以往的电学家更为坚定和系统地使用这些仪器。事实收集和理论阐述都有了非常明确的方向，电学研究的有效性和效率也相应地增加了。这从社会角度证明了弗朗西斯·培根的一句深刻的方法论格言：“真理易从错误中浮现，难从混乱中获得。”[10]

我们将在下一章考察这种具有明确方向或以范式为基础 19
的研究的本质，但首先必须简要指出，范式的出现如何影响了从事该领域的群体的结构。在一门自然科学的发展中，当某个人或群体第一次产生一种综合，能够吸引下一代大多数研究者时，较老的各个学派就逐渐消失了。之所以消失，部分原因

[9]　值得注意的是，富兰克林的理论被接受并没有结束所有争论。1759 年，罗伯特·西默尔（Robert Symmer）提出了该理论的双流体版本，此后许多年，电学家就电是单流体还是双流体分成了两派。但关于这一主题的争论恰恰确证了我之前所说的，即公认的成就使专业统一了起来。电学家虽然在这一点上仍然存在分歧，但很快就断言：任何实验检验都无法区分这一理论的两个版本，因此它们是等价的。此后，这两个学派都能利用而且的确利用了富兰克林理论所提供的各种好处（Cohen, *op. cit.*, pp. 543-546, 548-554）。

[10]　Bacon, *op. cit.*, p. 210.

在于其成员改信了新的范式。但总有一些人固守某种旧观点，他们不再被视为同道，此后其研究也遭到忽视。新范式暗示该领域有一个新的更严格的定义。那些不愿或不能使自己的工作顺应该范式的人，只能孤立地进行研究或者依附于其他某个群体。[11] 在历史上，这些人往往待在哲学界，许多专门科学都是从哲学那里派生出来的。正如这些迹象所暗示的，有时正是由于接受了一个范式，使得先前只对自然研究感兴趣的一群人变成了职业同行或至少是学科同行。在各门科学中（医学、技术和法律等领域除外，其主要存在理由是外在的社会需要），创办专业刊物、建立专家学会、要求被专门列入课程，所有这些活动通常都与一个群体初次接受一个范式密切相关。至少从一个
20 半世纪以前科学专业化的建制模式开始发展，到与专业化相关的各种配套最近获得了自身的声望，情况就是如此。

关于科学群体的更严格的定义还产生了其他结果。科学家

---

[11] 电学史提供了一个出色的范例，可以从普里斯特利、开尔文等人的职业生涯中复制出来。富兰克林报告说，18 世纪中叶欧洲大陆最有影响的电学家诺莱“活着看到自己成为他那个学派的最后一人，除了他的嫡传弟子 B 先生”（Max Farrand [ed.], *Benjamin Franklin's Memoirs* [Berkeley, Calif., 1949], pp. 384-386）。然而更有趣的是，整个学派虽然日益从专业科学中分离出来，但却持久长存。例如，占星术曾经是天文学不可或缺的组成部分，又如，一个以前备受尊敬的“浪漫主义”化学传统在 18 世纪末 19 世纪初仍在流传。这正是查尔斯·吉利斯皮（Charles C. Gillispie）在“The *Encyclopédie* and the Jacobin Philosophy of Science: A Study in Ideas and Consequences”, *Critical Problems in the History of Science*, ed. Marshall Clagett (Madison, Wis., 1959), pp. 255-289 和“The Formation of Lamarck's Evolutionary Theory”, *Archives internationales d'histoire des sciences,* XXXVII (1956), 323-338 中讨论的传统。

接受范式之后，不再需要在其主要著作中尝试重新建立他的领域，不再需要从第一原理出发，为引入的每一个概念的使用进行辩护。这些事情可以留给写教科书的人去做。无论如何，有了一本教科书，有创造力的科学家就可以从它停止的地方开始自己的研究，从而完全专注于他那个群体所关注的自然现象的那些最复杂、最深奥的方面。在此期间，他的研究报告会发生改变。这些报告的演变方式很少有人研究，但其现代的最终产物大家都很清楚，尽管阅读它们对很多人而言难以忍受。他的研究通常不再体现为书，比如富兰克林的《电学实验》或达尔文的《物种起源》，这些是写给任何可能对该领域的主题感兴趣的人的，而是通常体现为只供专业同行阅读的简短论文，可以认为这些人都了解共有的范式，事实证明，只有他们才能读懂写给他们的论文。

今天在科学界，出版的著作通常要么是教科书，要么是对科学生活某个方面的回顾性反思。写书的科学家很可能发现，写书非但不会提高其专业声望，反而会造成损害。只有在各门科学发展早期的前范式阶段，书与专业成就之间才往往具有今天可见于其他创造性领域的那种关系。而且只有在那些仍然把书（无论是否有论文）作为研究交流工具的领域，专业化的界限才未清晰划出，业外人士有望通过阅读研究者的原始报告来跟上进度。在古代，受过普通教育的读者就已经很难读懂数学和天文学的研究报告。到了中世纪，力学研究也变得同样难懂，直到17世纪初，一种新的范式取代了曾经指导中世纪研究

21 的范式，它才能为一般人所理解。在 18 世纪末之前，电学研究需要转译才能让业外人士读懂，而在 19 世纪，物理科学的大多数其他领域不再能为一般人所理解。在 18、19 世纪，生物科学的各个部门也出现了类似的转变。今天，在社会科学的各个部门，这种转变可能正在进行。虽然人们已经习惯于并且有理由悲叹，专业科学家与其他领域同事之间的鸿沟正在日益加深，但却很少关注这种鸿沟与科学进展的内在机制之间的密切关系。

自史前以降，一个又一个科学研究领域从历史学家所谓的史前时期进入了历史时期。这些朝向成熟的转变很少像我这里的扼要讨论可能暗示的那样突然或明显。但它们在历史上也不是逐渐进行的，也就是说，不是与其所处的整个学科领域一起发展的。在 18 世纪的前 40 年，电学家们掌握的关于电现象的信息远比其 16 世纪的前辈多得多。在 1740 年之后的半个世纪里，电现象的种类几乎没有新增。不过在一些重要方面，在 18 世纪的最后三分之一时间里，卡文迪许（Cavendish）、库仑（Coulomb）和伏打（Volta）的电学著作与格雷、迪费甚至富兰克林的著作之间的距离，似乎要大于 18 世纪初这些电学发现者的著作与 16 世纪著作之间的距离。[12] 大约从 1740 年到 1780 年，

---

[12] 富兰克林以后的发展包括：电荷探测器的灵敏度大幅提高，第一种可靠并且普遍使用的电荷测量技术，电容概念的演化及其与新的电压概念的关系，静电力的量化，等等。关于所有这些发展，参见 Roller and Roller, *op. cit.*, pp. 66-81; W. C. Walker, "The Detection and Estimation of Electric Charges in the Eighteenth Century", *Annals of Science*, I (1936), 66-100; 以及 Edmund Hoppe, *Geschichte der Elektrizität* (Leipzig, 1884), Part I, chaps. iii-iv。

电学家们对其领域的基础第一次达成了共识。由此，他们进而 22
研究更为具体深奥的问题，并且逐渐以论文形式将其研究成果呈现给其他电学家，而不是以书的形式写给整个知识界。作为一个群体，他们的成就已经堪比古代的天文学家、中世纪的运动学者、17 世纪末的物理光学家和 19 世纪初的历史地质学家。也就是说，他们已经获得了一种范式，能够指导整个群体的研究。除非是以后见之明，否则很难找到其他标准来明确宣称某个领域是科学。

第三章　常规科学的本质

23 一个群体接受某个范式后，其研究就变得更为专业和深奥，这种研究的本质是什么呢？如果范式代表已经彻底做完的工作，还有什么问题留给这个统一的群体去解决呢？如果注意到目前使用的术语可能会使人误解，回答这些问题就显得更加迫切了。按照既定的用法，“范式”是一个公认的模型或模式。它的这个含义使我在找不出更好的词的情况下借用了“范式”一词。但我们很快就会看到，使我们得以借用“范式”一词的“模型”或“模式”的含义并不完全是定义“范式”时通常使用的含义。例如在语法中，“*amo*，*amas*，*amat*”就是一个范式〔词形变化表〕，因为它显示了用来对大量其他拉丁文动词进行变位的一种模式，例如据此可以得到“*laudo*，*laudas*，*laudat*”。在这种标准用法中，范式〔词形变化表〕的作用是允许范例得到复制，任一范例原则上都能替代这个范例。而科学中的范式很少是可以复制的对象，而是像普通法中公认的判例一样，是在新的或更严格的条件下进一步阐述和详细说明的对象。

要想看到如何可能是这样，我们必须认识到一个范式在最
24 初出现时，其应用范围和精确性都极为有限。范式之所以能够

获得地位，是因为它们比其竞争对手更能成功地解决研究者群体认为紧要的一些问题。不过，这里所谓的更成功既不是说它能完全成功地解决某个问题，也不是说它能非常成功地解决许多问题。一个范式的成功，无论是亚里士多德对运动的分析，托勒密关于行星位置的计算，拉瓦锡对天平的应用，还是麦克斯韦对电磁场的数学化，起初很大程度上只是在某些特选的尚不完全的例子中有望取得成功罢了。常规科学就在于实现这种可能性。为此，需要扩展对一些事实的认识（该范式表明这些事实特别具有启发性），增进事实与范式预言之间的符合程度，并且进一步阐述范式本身。

一个人只要实际从事一门成熟的科学，就几乎肯定会意识到这样一种范式会留下多少扫尾工作要做，以及完成这样的工作是多么令人着迷。我们需要对这两点有所认识。大多数科学家终其一生所从事的正是这样的扫尾工作。这些工作构成了我这里所谓的常规科学。不论是从历史还是从当今的实验室来认真考察，我们都会发现，这种活动似乎是力图把自然强行纳入一个由范式提供的相对缺乏弹性的现成框架。常规科学并不旨在发现新的现象，事实上，未被纳入框架的那些现象常常根本不会被注意到。科学家通常并不旨在发明新的理论，也往往难以容忍别人发明的新理论。[1] 相反，常规科学研究旨在阐述范

---

[1] Bernard Barber, “Resistance by Scientists to Scientific Discovery”, *Science*, CXXXIV (1961), 596-602.

式所提供的那些现象和理论。

也许这些都是缺点。当然，常规科学的研究范围很小，其
25 视野也受到了极大限制。然而，因信奉范式而产生的这些限制却正是科学发展所不可或缺的。通过把注意力集中在小范围的相对深奥的问题上，范式迫使科学家对自然的某个部分作出详细而深入的研究，倘若没有范式，这种研究是无法设想的。常规科学还有一种内在机制，只要造成限制的范式不能有效地发挥作用，范式对研究的限制就会减弱。此时，科学家开始以不同的方式行事，研究的问题也发生了本质改变。不过在范式成功的时期，业界能够解决许多问题；如果不信奉这种范式，其成员将很难想到并研究这些问题。事实证明，至少总有一部分这样的成就具有永恒的价值。

为了更清楚地表明什么是常规研究或基于范式的研究，现在我将尝试对构成常规科学的主要问题进行分类和阐明。为方便起见，我先不谈理论活动，而从事实收集开始，也就是说，先谈专业期刊中描述的实验和观察，正是通过这些刊物，科学家与其专业同行交流自己的研究成果。科学家通常报告自然的哪些方面呢？他们的选择由什么来决定呢？既然大多数科学观察都要耗费大量时间、设备和金钱，又是什么动机促使科学家把这种选择追究到底直至得出结论呢？

我认为，关于事实性的科学研究，通常只有三个焦点，而且它们并非总是迥然不同。首先是范式已表明特别能够揭示事物本质的那类事实。由于范式规定要用这些事实来解决问题，

所以值得在更多样的情形中把它们确定得更为精确。这些重要的事实确定曾经包括：天文学中——星体的位置和星等，双星的蚀周期和行星周期；物理学中——材料的比重和可压缩性，波长和光谱强度，电导性和接触电位；化学中——合成与化合 26
量，溶液的沸点和酸度，结构式和旋光度。我们知道，试图增加这类事实的准确性和范围，在实验观测科学的文献中占很大比例。为此，人们不断设计出复杂的专门仪器，而这些仪器的发明、制造和使用都需要一流的才干、充裕的时间和强大的经济支持。同步加速器和射电望远镜仅仅是最近的例子，表明只要范式保证研究者所寻求的事实是重要的，他们就会不遗余力地去做。从第谷·布拉赫（Tycho Brahe）到劳伦斯（E. O. Lawrence），一些科学家获得巨大的声誉并非因为他们的发现有什么新奇，而是因为他们设计出了更为精确、可靠和广泛的方法来重新确定某一类之前已知的事实。

第二类事实确定虽然平常但却较少，它们所针对的事实常常没有很大的内在意义，却可与范式理论的预言直接进行比较。当我从常规科学的实验问题转向理论问题时，我们很快就会看到，一种科学理论，特别是主要以数学形式来表达的理论，很少有场合能与自然直接进行比较。甚至连爱因斯坦的广义相对论也只有三个这样的场合能作这样的比较。[2] 而且在可

[2] 现在仍被普遍承认的长期存在的检验点只有水星近日点的进动。遥远星光在光谱上的红移可以从比广义相对论更基本的思考中推导出来，光线在太阳周围的弯曲可能也是这样，这一点目前仍有争论。无论如何，对后一现象的测量仍然不太可靠。（转下页）

以比较的那些场合，它也常常要求理论值和测量值取近似，从
而严重限制了所期望的符合性。提高这种符合性或找到能够证
27 明这种符合性的新场合，是对实验者和观测者技巧和想象力的
永恒挑战。例如用专门的望远镜证明了哥白尼预言的周年视
差；在牛顿《自然哲学的数学原理》之后近一个世纪发明的阿
特伍德机（Atwood's machine），第一次明确证明了牛顿第二定
律；傅科（Foucault）的仪器表明，光在空气中的速度大于在
水中的速度；巨大的闪烁计数器被设计出来，以证明中微子的
存在——诸如此类的专门仪器表明，为使自然和理论越来越相
符，需要付出多么大的努力和聪明才智。[3] 第二类常规实验工
作就是努力证明这种符合性，它甚至比第一类工作更明显地依
赖于范式。范式的存在规定了所要解决的问题，范式理论往往
直接隐含在能够解决问题的仪器设计之中。例如，倘若没有《自
然哲学的数学原理》，用阿特伍德机所做的测量就毫无意义。

（接上页）另一个检验点最近可能会确立：穆斯堡尔（Mossbauer）辐射的引力位移。在这个目前活跃但沉寂多时的领域，也许很快会有其他检验点。对于这个问题最新的概要说明，参见 L. I. Schiff, "A Report on the NASA Conference on Experimental Tests of Theories of Relativity", *Physics Today*, X!V (1961), 42-48。

[3] 关于两种视差望远镜，参见 Abraham Wolf, *A History of Science, Technology, and Philosophy in the Eighteenth Century* (2d ed.; London, 1952), pp. 103-105。关于阿特伍德机，参见 N. R. Hanson, *Patterns of Discovery* (Cambridge, 1958), pp. 100-102, 207-208。关于最后两种专门仪器，参见 M. L. Foucault, "Méthode générale pour mesurer la vitesse de la lumière dans l'air et les milieux transparants. Vitesses relatives de la lumière dans l'air et dans l'eau ...", *Comptes rendus ... de l'Académie des sciences*, XXX (1850), 551-560; 以及 C. L. Cowan, Jr., *et al.*, "Detection of the Free Neutrino: A Confirmation", *Science*, CXXIV (1956), 103-104。

我认为，第三类实验和观察是常规科学的最后一种事实收集活动。这些经验工作旨在阐述范式理论，解决它残留的一些模糊不清之处，并且解答以前只是吸引它注意的问题。事实证明，这类活动是所有活动中最重要的，描述它需要继续细分。在更偏向数学的科学中，旨在阐述范式理论的某些实验被用来确定物理常数。例如，牛顿的工作表明，相隔单位距离的两个单位质量之间的力，对于宇宙各处的所有类型的物质都是一样的。但即使没有估计出这种吸引力的大小，即万有引力常数的 28
大小，牛顿本人的问题也能得到解决；《自然哲学的数学原理》问世之后一百年里，也没有其他人能够设计出测定该常数的仪器。卡文迪许在 18 世纪 90 年代所做的著名测定也并非最后一个。自那以后，由于万有引力常数在物理理论中处于核心地位，不断有杰出的实验家力图改进这个引力常数值。[4] 这类持续工作的其他例子还包括测定天文单位、阿伏伽德罗常数、焦耳系数、电荷等等。如果没有一种范式理论来界定问题，并且确保存在着一个稳定解，就不可能构想出这些复杂的实验，更别说去做了。

不过，阐述范式的努力并不限于测定普适常数，例如也可以旨在确定定量定律：波义耳将气体压力与体积联系起来的定律、库仑的电吸引定律、焦耳将产生的热与电阻和电流联系起

---

[4] 在 “Gravitation Constant and Mean Density of the Earth”, *Encyclopaedia Britannica* (11th ed.; Cambridge, 1910-11), XII, 385-389 中，J. H. Poynting 回顾了 1741 年到 1910 年间对引力常数的 24 次测量。

来的公式，都属于这一范畴。这类定律的发现以一个范式为先决条件，这一点也许并非显而易见。我们常常听说，这些定律是通过考察测量而被发现的，而测量只是为测量而测量，并无所信奉的理论。但历史并不支持这种过度培根式的方法。在认识到空气是一种弹性流体、所有复杂的流体静力学概念都能应用于它之前，波义耳的实验是无法设想的（即使可以设想，也会得到另一种解释，或者根本得不到解释）。[5] 库仑的成功依赖于他制造出专门的仪器来测量点电荷之间的力。（以前用普通的盘式天平等仪器来测量电力的人，根本找不到一致或简单的规
29 律性。）但库仑的这种设计又有赖于之前的一种认识，即每一个电流体微粒都超距地作用于每一个其他电流体微粒。库仑所寻求的正是这些微粒之间的力，只有这种力，才能可靠地假定与距离有一种简单的函数关系。[6] 焦耳的实验也可以用来说明定量定律是如何通过阐述范式而出现的。事实上，定性的范式与定量定律之间的关系是如此普遍和紧密，以至于自伽利略以来，在能够设计出仪器进行实验测定之前很久，人们就已经常

---

[5] 把整套流体静力学概念移植到气体力学中，参见 *The Physical Treatises of Pascal*, trans. I. H. B. Spiers and A. G. H. Spiers, with an introduction and notes by F. Barry (New York, 1937)。托里拆利（Torricelli）对这种相似性的原初引入（“我们生活在元素空气的海洋底部”）见 p. 164。有两部重要论著展示了这种观点的迅速发展。

[6] Duane Roller and Duane H. D. Roller, *The Development of the Concept of Electric Charge: Electricity from the Greeks to Coulomb* (“Harvard Case Histories in Experimental Science”, Case 8; Cambridge, Mass., 1954), pp. 66-80.

常借助于范式而正确地猜测出这些定律了。[7]

最后，还有旨在阐述范式的第三类实验。这类实验比其他实验更类似于探究。它特别盛行于更多涉及自然规律性的定性方面而不是定量方面的那些时期和科学中。从一组现象中发展出来的范式在应用于其他密切相关的现象时往往会模糊不清，于是就需要实验在把该范式应用于新领域的各种可能方式中作出选择。例如，热质说的范式应用就是通过混合和状态改变进行加热和冷却。但热的释放或吸收还有其他许多方式——例如通过化合、摩擦、气体的压缩或吸收——而且对于这些现象中的每一种，都可以用若干种方式来应用热质说。例如，倘若真空有热容量，那么就可以把压缩生热解释成气体与真空混合的结果，或者解释成气压的变化导致了气体比热的变化。除此之外，还有若干种其他解释。许多实验都是为了详细阐述这些不同的可能性，并且作出区分；所有这些实验都源自热质说这一
范式，实验设计和对结果的解释都利用了这个范式。[8] 一旦压 30
缩生热现象得以确立，该领域所有进一步的实验都将以这种方式依赖于范式。给定了现象，还能有别的方式来选择阐明这种现象的实验吗？

现在我们讨论常规科学的理论问题。与实验问题和观测问题一样，它们也可分为几乎相同的类别。常规理论的一部分工

---

[7]　例如参见 T. S. Kuhn, “The Function of Measurement in Modern Physical Science”, *Isis*, LII (1961), 161-193。

[8]　T. S. Kuhn, “The Caloric Theory of Adiabatic Compression”, *Isis*, XLIX (1958), 132-140.

作（虽然只是一小部分）仅仅是用现有的理论去预言具有内在价值的事实信息。天文星历表的制作、透镜特性的计算以及无线电传播曲线的绘制，都是这类问题的例子。然而，科学家一般都把它们看成苦差事而交给工程师或技师去做，其中许多工作都没有机会发表在重要的科学期刊上。而期刊中却载有对这些问题的大量理论讨论。在非科学家看来，这两种工作必然几乎完全一样。这些讨论都是对理论的巧妙运用，之所以做这种运用，并非因为由此导致的预言有什么内在价值，而是因为它们能与实验进行直接比较。其目的是显示范式的新应用，或者提高某种已有应用的精确性。

之所以需要这类工作，是因为在寻找理论与自然的接触点时，常常会遇到极大困难。考察一下牛顿之后的力学史，就能简要地说明这些困难。到了 18 世纪初，在《自然哲学的数学原理》中找到范式的那些科学家理所当然地认为，该书的结论具有普遍性。他们这样做有充分的理由。科学史上还没有别的著作能使研究的广度和精度同时得到如此巨大的提升。对于天界，牛顿导出了开普勒的行星运动定律，还解释了对月亮的某
31 些观测为何不服从这些定律。对于地界，他导出了关于摆和潮汐的零星的观测结果。借助于一些附加的特设性假定，他也能导出波义耳定律和关于空气中声速的一个重要公式。考虑到当时的科学状况，这些实例的成功令人叹为观止。但就预期的牛顿定律的普遍性而言，这些应用的数目并不很大，而且牛顿也几乎没有发展出其他实例。此外，若与今天的物理研究生应用

这些定律所能取得的成就相比，牛顿那几个应用案例也并不十分精确。最后，《自然哲学的数学原理》一书主要是为解决天体力学问题而设计的。如何使之适用于地界，尤其是受约束运动的问题，当时并不清楚。不过无论如何，利用一套非常不同的技巧，地界问题已经得到了极为成功的处理。这套技巧最初由伽利略和惠更斯（Huyghens）发展出来，到了18世纪则由伯努利（Bernoullis）、达朗贝尔（d'Alembert）等人在欧洲大陆加以扩展。也许可以表明，他们的技巧与《自然哲学的数学原理》的技巧是同一个更一般表述的特例，但在一段时间里，没有人知道何以如此。[9]

现在让我们集中讨论精确性问题。我们已经说明了它的经验方面。要想提供具体应用牛顿范式所要求的特殊数据，需要有专门的设备，比如卡文迪许的仪器、阿特伍德机或改进的望远镜等等。在获得符合性方面，理论上也存在类似的困难。例如，在把他的定律应用于摆时，为了明确定义摆长，牛顿不得不把摆锤当作一个质点来处理。除了少数几个定理属于假设性和预备性的，他的大多数定理都忽略了空气阻力效应。这些 32
都是合理的物理近似。但既然是近似，牛顿的预测与实际实验

[9] C. Truesdell, "A Program toward Rediscovering the Rational Mechanics of the Age of Reason", *Archive for History of the Exact Sciences*, I (1960), 3-36, and "Reactions of Late Baroque Mechanics to Success, Conjecture, Error, and Failure in Newton's *Principia*", *Texas Quarterly*, X (1967), 281-297. T. L. Hankins, "The Reception of Newton's Second Law of Motion in the Eighteenth Century", *Archives internationales d'histoire des sciences*, XX (1967), 42-65.

之间所期望的符合性就受到了限制。在把牛顿理论应用于天界时，更可清楚地显示出同样的困难。简单且定量的望远镜观测表明，诸行星并不完全服从开普勒定律，而牛顿的理论则表明，它们本就不应该服从。为了推出开普勒定律，牛顿被迫只考虑个体行星与太阳之间的引力吸引，而忽略所有其他吸引。由于行星之间也相互吸引，所以只能期待所应用的理论近似符合望远镜的观测。[10]

当然，所达到的符合性已经让从事这一工作的科学家感到非常满意了。除一些地界问题外，没有别的理论能和牛顿理论做得同样好。没有人因为牛顿理论并不完全符合实验和观测而质疑其有效性。不过，这种并不完全的符合却给牛顿的继承者们留下了许多引人入胜的理论问题。例如，处理两个以上相互吸引的物体的运动以及研究受扰动轨道的稳定性都需要理论技巧。18 世纪和 19 世纪初，欧洲许多最杰出的数学家都致力于研究诸如此类的问题。欧拉（Euler）、拉格朗日（Lagrange）、拉普拉斯（Laplace）和高斯（Gauss）等人的一些最出色的工作都旨在改进牛顿范式与天界观测之间的符合性。其中许多人还同时致力于发展数学，以作出牛顿及其同时代的欧陆力学学派未曾尝试的应用。例如在流体动力学和振动弦问题上，他们发表了大量文献，发展出一些非常强大的数学技巧。这些应用问题

[10] Wolf, *op. cit.*, pp. 75-81, 96-101; and William Whewell, *History of the Inductive Sciences* (rev. ed.; London, 1847), II, 213-271.

堪称 18 世纪最辉煌、最精彩的科学工作。通过考察其基本定律是完全定量的任何科学分支（比如热力学、光的波动理论、电磁理论等）在后范式时期的发展，我们还可以发现其他例子。至少在那些更偏数学的科学中，大多数理论工作都属于这一类。 33

但并非全都是这一类。甚至在数理科学中，也存在着与阐述范式相关的理论问题。当科学发展还主要处在定性时期时，这些问题占主导地位。无论在更偏定性还是更偏定量的科学中，都有一些问题纯粹旨在通过重新表述进行澄清。例如事实证明，应用《自然哲学的数学原理》并非总是易事，这部分是因为它保留了一部开山之作中不可避免的某种笨拙，部分是因为它的许多意义只隐含在其应用中。无论如何，对于地界的很多应用，一套与《自然哲学的数学原理》明显无关的欧陆技巧似乎更为有效。因此，从 18 世纪的欧拉和拉格朗日到 19 世纪的哈密顿（Hamilton）、雅可比（Jacobi）和赫兹（Hertz），欧洲许多最杰出的数学物理学家都一再尝试以一种在逻辑和审美上更令人满意的等价形式来重新表述力学理论。也就是说，他们希望以一种在逻辑上更为融贯的形式来展现《自然哲学的数学原理》和欧陆力学那些或显或隐的意义，同时又能将它更为统一和明确地应用于新阐述的力学问题。[11]

对范式的类似的重新表述在所有科学中都曾一再出现，但与上述对《自然哲学的数学原理》的重新表述相比，它们大都

[11] René Dugas, *Histoire de la mécanique* (Neuchatel, 1950), Books IV-V.

会导致范式发生更为实质性的变化。这些变化源于上述旨在阐述范式的经验工作。事实上，把这类工作归于经验工作是有些武断的。与其他任何一类常规研究相比，阐述范式既是理论问
34 题，又是实验问题；前面所举的那些例子在这里也同样适用。在能制造出仪器并用它进行测量之前，库仑必须用电学理论来决定他的仪器应当如何制造。其测量结果又能进一步改进这个理论。再比如，为了区分压缩生热的各种理论，设计实验的人一般就是提出理论的人。他们事实和理论并重，其工作不仅产生了新的信息，而且使范式更加精确，因为他们消除了原有范式中的模糊不清之处。在许多科学中，大多数常规工作都属于这一类。

我认为，这三类问题——确定重要事实、使理论与事实相符、阐述理论——已经穷尽了常规科学（无论是经验的还是理论的）的文献。当然，它们并没有穷尽所有科学文献。还有非常规的问题存在，也许正是为了解决这些问题，整个科学事业才特别有价值。但非常规问题并非唾手可得。它们只在常规研究的进展已经为之做好准备的特定场合才会出现。因此，甚至连最好的科学家所研究的绝大多数问题，通常也超不出上述三种类型。在范式指导下的工作绝无他路可循，抛弃范式就等于不再从事它所规定的科学。我们很快就会发现，这种抛弃范式的事情的确发生过，它们是科学革命的枢轴。但在开始研究科学革命之前，我们还需要更加全面地了解为革命铺路的常规科学研究。

第四章　常规科学作为解谜题

我们方才遇到的常规研究问题，其最引人注目的特征就在 35
于，它们并不旨在产生多么新奇的概念或现象。有的时候，比
如在波长测量中，除了最精微的细节，其他一切结果事先均已
知晓，只是典型的预期范围要略宽一些。库仑的测量也许并不
需要完全符合平方反比律，研究压缩生热的人往往已经准备好
接受若干结果中的任何一个。但即使在这些情况下，预期的因
而可接受的结果的范围也总是小于想象力所能及的范围。倘若
结果未落入这个较为狭窄的范围，则此项研究通常会被视为失
败。要为失败负责的不是自然，而是科学家。

例如在 18 世纪，用盘式天平之类的仪器来测量电吸引的实
验很少受到关注。它们给出的结果既不一致又不简单，所以不
能用来阐述这些实验所依据的范式。因此，它们仅仅是一些事
实，与电学研究的持续进步毫无关联，也不可能有关联。只是
后来拥有了一个范式，我们才能反观出它们显示了电学现象的 36
哪些特征。当然，库仑及其同时代人也拥有这个后来的范式，
或者应用于吸引问题时能产生相同预期的另一个范式。因此，
库仑能够设计出一种仪器，给出可以通过阐述范式来理解的结

果。但也正因如此，库仑的结果并不令人惊奇，库仑的一些同时代人也能事先预见到它。甚至旨在阐述范式的研究计划也并不旨在发现出乎意料的新奇事物。

但如果常规科学的目的不是发现重大的实质性的新奇事物，如果与预期结果不完全相符通常会被视为科学家的失败，那为什么还要研究这些问题呢？部分答案我们已经讨论过了。至少对科学家而言，从常规研究中得到的结果是重要的，因为它们扩展了应用范式的范围和精确性。但这个回答并不能解释科学家为什么会对常规研究的问题表现得那么热情和专注。例如，一个人经年累月地研制一种更好的分光仪，或者改进振动弦问题的解，并非仅仅因为所获得信息的重要性。计算星历表或者用现有仪器做进一步测量所得到的数据往往也同样重要，但科学家往往不屑于做这些活动，因为它们很大程度上只是在重复之前的步骤。科学家的这种拒斥为常规研究问题何以让人着迷提供了一条线索。虽然常规研究的结果可以预期，而且往往非常详细，以至于未知的东西本身显得无趣，但得到这个结果的方式仍然是不确定的。解答常规研究问题就是以新的方式来得到预期的结果，这需要解决仪器、概念、数学等方面各种复杂的谜题（puzzles）。成功者证明自己是一位内行的解谜题者，谜题的挑战正是通常驱使他前进的一个重要动力。

“谜题”和“解谜题者”这两个术语强调了在前面几页已经越来越突出的若干主题。在这里使用的最标准的意义上，谜题
37 就是可以用来检验解谜题者的聪明才智或技巧的那一类问题。

字典里的示例是“拼图谜题”（jigsaw puzzle）和“纵横字谜”（crossword puzzle），我们现在需要专门谈谈这些谜题与常规科学问题所共有的特征。其中一个特征业已谈到。判别一个谜题好坏的标准与它的结果是否有趣或重要无关。恰恰相反，真正迫切的问题，例如治疗癌症的方法或者设计永久和平的方案，常常根本就不是谜题，主要因为它们可能根本无解。考虑这样一个拼图谜题，它的碎片是从两个不同的谜题盒子中任意选取的。由于这个问题可能（虽然未必）连最聪明的人也束手无策，所以不能用它来检验解谜题的技巧。在任何通常的意义上，它根本就不是谜题。虽然内在价值并非一个谜题的判别标准，但确保有谜底存在却是标准。

我们已经看到，科学共同体获得一个范式之后，也就有了一个选择问题的标准，当该范式被视作理所当然时，可以认为这些问题都有解。在很大程度上，只有这些问题，科学共同体才会承认是科学问题，才会鼓励其成员去研究。而其他问题，包括此前被视作标准的问题，都被斥为形而上学问题，是其他学科关心的事，有时则被认为太成问题而不值得费时间去研究。就此而言，范式甚至能使科学共同体与那些不能归于谜题形式的具有社会意义的问题相隔绝，因为这些问题不能用范式所提供的概念和仪器工具陈述出来。这些问题可能会分散科学共同体的注意力，17 世纪培根主义的某些方面以及当代一些社会科学都提供了这方面的深刻教训。常规科学之所以看起来进展神速，一个理由就在于，从事常规科学的人集中于解决只有缺乏才智的人才解决不了的问题。

但如果常规科学的问题就是这种意义上的谜题，我们就不必再问科学家为何会如此热情和专注地研究它们。一个人受科学吸引可能有各种理由，比如希望成为有用的人，致力于开拓
38 新领域，希望发现秩序，检验已有的知识，等等。诸如此类的动机还有助于确定日后他会研究哪些特定的问题。此外，虽然科学家偶尔会遭遇挫折，但仍然可以很好地解释为什么这类动机能够吸引并引导他前进。[1] 事实的确一再证明，整个科学事业是有用的，能够开辟新领域，显示秩序，检验流行已久的信念。然而，投身于常规研究问题的**个人却几乎从来不做这类事情**。一旦投身，他的动机又是完全不同的一类了。此时挑战他的是这样一个信念：只要足够高明，他就能成功地解出谜题，此前从未有人解出这个谜题，或者解得不够漂亮。许多最伟大的科学家都把全部注意力集中在这类需要高度技巧的谜题上。在大多数情况下，任何特殊的专门领域没有别的工作可做，对于有强烈兴趣的人来说，这丝毫不会减少解谜题的魅力。

现在我们转向谜题与常规科学问题之间相似性的一个更困难也更有启发性的方面。一个问题要想被看作谜题，不能只是确定有解答而已，还必须有一些规则来限制可接受的解的性质以及求解的步骤。例如，解拼图谜题不只是“作一幅图”而已。一个孩

---

[1] 然而，个人的作用与科学发展的整体模式之间的冲突所导致的挫折有时可能非常严重。关于这个主题，参见 Lawrence S. Kubie, “Some Unsolved Problems of the Scientific Career”, *American Scientist*, XLI (1953), 596-613; 以及 XLII (1954), 104-112。

子或一位当代艺术家可以将挑出来的碎片散布在某个无色的背景上，制作成抽象的形状。由此产生的图可能比谜底的图更好看，也肯定更有原创性。但这样一幅图并不是解。要想得到解，所有碎片都必须用上，空白面朝下，彼此之间必须自然地互锁、不留空隙。这些都是解拼图谜题时必须遵守的规则。不难发现，纵横 39
字谜、谜语、象棋谜题等，对于可接受的解都有类似的限制。

如果我们把“规则”一词的用法大大拓宽，使之有时等同于“业已确立的观点”或“先入之见”，那么任一研究传统中可理解的问题都会显示出某种类似于谜题的这组特征的东西。一个制造仪器来确定光波波长的人，必定不会满足于只对特定光谱线产生特定数值的仪器。他并非只是探索者或测量者。恰恰相反，他必须用业已确立的光学理论来分析他的仪器，以表明仪器产生的数值正是理论所界定的波长。倘若理论中尚有模糊不清之处，或者仪器中还有某个未经分析的部件，使他无法完成证明，其同事就可能断定，他什么东西都没有测量出来。例如，人们只是后来才知道，电子散射极大值是电子波长的标志，当初测量和记录它时，并不知道有什么明显意义。在变成某种东西的量度之前，它们必须与一种理论联系起来，该理论预言，运动中的物质能够显示出波的特性。甚至在指出这种联系之后，也要重新设计仪器，以使实验结果与理论明确关联起来。[2] 如果不满足这些条件，问

[2]　关于这些实验的演化，一个简要说明参见 C. J . Davisson 的诺贝尔奖演讲 *Les prix Nobel en* 1937 (Stockholm, 1938), p. 4。

题就不可能解决。

理论问题可接受的解也受到类似的限制。18世纪有许多科学家都试图由牛顿的运动定律和引力定律导出月球的视运动，但没有成功。于是，有些人提出用一个在小距离处有所偏离的定律来取代平方反比律。但这样做等于改变了范式，界定了新
40 谜题，而不是解决旧谜题。结果，科学家一直把规则维护到1750年有人发现如何能够成功地应用它们。[3] 只有改变游戏规则，才能提供另一种选项。

研究常规科学传统还可以揭示其他许多规则，这些规则提供了许多信息，可以帮助我们了解科学家从其范式中得到的信念。这些规则可以分为哪些主要类型呢？[4] 最为明显、可能也最具约束力的就是我们方才指出的那些概括（generalizations）。它们明确陈述了科学定律以及科学的概念和理论。当这些陈述持续受到尊重时，就有助于设定谜题和限制可接受的解。例如，牛顿定律在18、19世纪就履行了这样的功能。只要它们履行这些功能，物质的量就是物理学家的一个基本的本体论范畴，作用于物质之间的力就是一个重要的研究主题。[5] 在化学中，定比定律长期以来起着完全相似的作用——设定原子量问

---

[3] W. Whewell, *History of the Inductive Sciences* (rev. ed.; London, 1847), II, 101-105, 220-222.

[4] 这个问题我得益于W. O. Hagstrom，他的科学社会学工作有时与我的研究有重叠。

[5] 关于牛顿主义的这些方面，参见I. B. Cohen, *Franklin and Newton: An Inquiry into Speculative Newtonian Experimental Science and Franklin's Work in Electricity as an Example Thereof* (Philadelphia, 1956), chap. vii, esp. pp. 255-257, 275-277。

题，限制化学分析可接受的结果，告诉化学家什么是原子和分子，什么是化合物和混合物。[6] 今天，麦克斯韦方程和统计热力学定律也有同样的控制力和功能。

但历史研究表明，这类规则既不是唯一的，甚至也不是最有趣的。例如，对于所偏爱的仪器类型以及如何合理地使用这些仪器，比定律和理论更低、更具体的层次上存在着许多信念。对于火在化学分析中扮演角色的态度转变，在 17 世纪的化 41
学发展中发挥着重要作用。[7]19 世纪，亥姆霍兹（Helmholtz）关于物理实验有助于阐明生理学领域的看法遭到了生理学家的强烈反对。[8] 而在 20 世纪，化学色层分析法的奇特历史同样表明，同定律和理论一样，仪器信念能为科学家们持续提供游戏规则。[9] 分析 X 射线的发现时，我们会看到这种信念的理由。

历史研究常常表明，一些更高层次的准形而上学信念虽然并非科学的不变特征，但较少受到时空限制。例如，1630 年左右，特别是笛卡尔影响深远的科学著作问世以后，大多数物理学家都假定，宇宙是由微观微粒构成的，所有自然现象都能用微粒的形状、大小、运动和相互作用来解释。事实证明，这

---

[6] 这个例子将在第十章结尾详细讨论。

[7] H. Metzger, *Les doctrines chimiques en France du début du XVIIe siècle à la fin du XVIIIe siècle* (Paris, 1923), pp. 359-361; Marie Boas, *Robert Boyle and Seventeenth-Century Chemistry* (Cambridge, 1958), pp. 112-115.

[8] Leo Königsberger, *Hermann von Helmholtz*, trans. Francis A. Welby (Oxford, 1906), pp. 65-66.

[9] James E. Meinhard, “Chromatography: A Perspective”, *Science*, CX (1949), 387-392.

套信念既是形而上学的又是方法论的。作为形而上学信念，它告诉科学家们宇宙包含什么类型的东西，不包含什么类型的东西：宇宙中只有不断运动的、有形的物质。作为方法论信念，它告诉科学家们终极定律和基本解释必须是什么样子：定律必须详细说明微粒的运动和相互作用，而解释必须将任何给定的自然现象归结为受这些定律支配的微粒作用。更重要的是，微粒宇宙观告诉科学家们应当研究哪些问题。例如，像波义耳那样拥护新哲学的化学家会特别关注可被视为嬗变(transmutations)的反应，因为这些反应比任何别的反应更能清晰地显示必定存
42 在于所有化学变化背后的微粒重组过程。[10] 我们在力学、光学和热学研究中也可以看到微粒论的类似影响。

最后，在更高层次上还有一组信念，如果没有这些信念，人就不能成为科学家。例如，科学家必须致力于理解世界，扩展世界所由以构造的精度和广度。而这种信念又会引导他或其同行对自然的某个方面作出详细的经验考察。如果这种考察显示出明显的无序，他就不得不重新改进其观测技巧，或者进一步阐明其理论。像这样的规则无疑还有，它们对科学家始终有效。

这个由各种信念——概念的、理论的、工具的和方法论的——组成的强大网络，是将常规科学与解谜题联系起来的隐

[10] 关于一般的微粒论，参见 Marie Boas, “The Establishment of the Mechanical Philosophy”, *Osiris*, X (1952), 412-541。关于它对波义耳化学的影响，参见 T. S. Kuhn, “Robert Boyle and Structural Chemistry in the Seventeenth Century”, *Isis*, XLIII (1952), 12-36。

喻的一个主要来源。正因为该网络所提供的各种规则告诉一门成熟科学的研究者，世界和这门科学是什么样子，他才能放心地专注于研究这些规则和现有知识共同为他界定的只有内行才懂的问题。此时，他个人面临的挑战就是解剩余的谜题。在这些方面，讨论谜题和规则有助于阐明常规科学实践的本质。然而在另一方面，这种阐明也可能产生严重误导。尽管在某一时期内，有些规则显然是从事某个科学专业的所有人都坚持的，但这些规则本身并不能确切说明那些专家的所有共同做法。常规科学是一种具有高度确定性的活动，但它未必完全由规则决定。因此在本书开头，我认为常规研究传统的连贯性源于共有的范式，而不是源于共有的规则、假定和观点。我认为规则源于范式，但即使没有规则，范式也能指导研究。

第五章　范式的优先性

43 为了找出规则、范式与常规科学之间的关系，我们首先考虑历史学家如何将信念的特定所在地（loci，前面被称为公认的规则）分离出来。对某一时期的某一专业作认真的历史研究，就会发现一组反复出现、称得上标准的案例，表明各种理论在概念、观察和仪器上的应用。这些案例就是共同体的范式，显示于教科书、课堂和实验室的实验中。共同体成员正是通过对范式进行研究和实践来学习这一行的。当然，历史学家还会发现一个半影区域，它由地位仍然存疑的成就所占据，但由业已解决的问题和技巧组成的核心通常很清楚。一个成熟的科学共同体的范式可以相对容易地确定，尽管偶有模糊不清之处。

然而，确定共有的范式并不是确定共同遵守的规则。后者还需要另走一步，而且是不同类型的一步。历史学家在做这件事的时候，必须将共同体的诸范式相互比较，并且与当时的研究报告进行比较。在此过程中，其目标是发现共同体成员
44 可以或隐或显地从他们更全面的诸范式中**抽取**出哪些可分离的要素，并把它们用作研究规则。若想描述或分析某个科学传统的演化，就必须找出这类公认的原则和规则。正如上一章所指

出的，几乎可以肯定，他至少会取得部分成功。但如果他的经验和我的很像，他就会发现寻找规则比寻找范式更困难，也更难让人满意。他用来描述共同体共有信念的某些概括不会有问题，但其他一些概括（包括上面被用作案例的一些概括）似乎就有些太强了。不论用何种方式表述，这些概括几乎肯定会遭到他所研究群体的一些成员的拒斥。不过，如果研究传统的连贯性应当通过规则来理解，那就需要对相应领域的共同基础作某种具体说明。结果，寻找足以构成某个常规研究传统的一套规则，就成了持续而强烈的挫折的一个来源。

然而，承认这种挫折，便可能诊断出它的来源。科学家们可以同意，牛顿、拉瓦锡、麦克斯韦或爱因斯坦已经为一组重大问题提供了似乎永恒的解答，但对于使这些解答成为永恒的抽象特性却不会达成共识，尽管有时他们没有意识到这一点。也就是说，对于确认范式，他们可以达成共识，但对于范式的完整诠释或合理化，他们既达不成共识，也不会试图这样做。即使缺乏标准诠释，或不能将范式归结为大家公认的规则，范式也依然能够指导研究。直接检查范式可以在部分程度上确定常规科学，提出规则和假定往往有助于这个过程，但这个过程并不依赖于提出规则和假定。事实上，范式的存在并不意味着有一整套规则存在。[1]

---

[1] 迈克尔·波兰尼（Michael Polanyi）天才地提出了一个非常类似的论点，指出科学家的许多成功都依赖于“默会知识”（tacit knowledge），即依赖于通过实践获得且无法明确阐述的知识。参见他的 *Personal Knowledge* (Chicago, 1958)，特别是第 v、vi 章。

45 不可避免地，那些说法立即引出了一些问题。倘若没有一套合适的规则，是什么东西把科学家限制在一个特定的常规科学传统中呢？“直接检查范式”又是什么意思呢？后期维特根斯坦对这类问题给出了部分解答，尽管是在非常不同的语境下。由于这种语境更基本、也更为我们所熟知，所以不妨先考虑他的论证形式。维特根斯坦问：为了明确而不引起争议地使用“椅子”“树叶”或“游戏”这些词，我们需要知道什么？[2]

这是一个老问题了，通常的回答是：我们先得有意识地或直觉地知道椅子、树叶或游戏是什么。也就是说，我们必须把握一组属性，这组属性是所有游戏而且只有游戏所共有的。但维特根斯坦的结论是，只要给定我们使用语言的方式和用语言来谈论的世界类型，就不需要有这组特性。虽然讨论许多游戏、椅子或树叶所共有的某些属性常常能够帮助我们学习如何使用相应的词，但并不存在一组特性同时适用于这个类的所有成员，而且只适用于它们。面对一种未曾见过的活动，我们之所以使用“游戏”一词，是因为我们看到的东西与我们以前学习用这个名字来称呼的一些活动之间有一种密切的“家族相似”。简而言之，对维特根斯坦来说，游戏、椅子和树叶都是自然家族，每个家族都由重叠交错的相似性之网所构成。这张网的存在足以解释我们为何能够成功地鉴别相应的对象或活动。

---

[2] Ludwig Wittgenstein, *Philosophical Investigations*, trans. G. E. M. Anscombe (New York, 1953), pp. 31-36. 然而，维特根斯坦对支持他所概述的命名程序所必需的那种世界几乎未置一词。因此，接下来的论点有一部分不能归功于他。

只有当我们命名的家族相互重叠并且逐渐融入彼此，即不存在
自然家族时，我们在鉴别和命名方面取得的成功才能作为证 46
据，表明我们使用的每一个类名都有一组共同特征。

从某个常规科学传统内部产生的各种研究问题和技巧也有类似的关系。其共同之处并不是它们满足一套明确的甚至可以发现的规则和假定，这套规则和假定赋予该传统以特征，并且影响着科学家的心灵，而是可以通过相似性、通过模仿已被该共同体公认为成就的那部分科学资料而关联起来。科学家是根据从所受教育和后来研读文献中获得的模型来从事研究的，他们往往并不知道也无须知道，这些模型究竟因为什么特征而有了共同体范式的地位。正因如此，他们并不需要整套规则。他们参与的研究传统所显示的连贯性，也许并不意味着存在一套背后的规则和假定，通过进一步的历史研究或哲学研究就可以将其揭示出来。科学家通常并不追问或争论某个特定的问题或解答是因为什么而变得合理，这不由得让我们假定，他们至少直觉地知道答案。但这可能只是表明，科学家认为不论这个问题还是答案都与他们的研究无关。与能够从范式中明确抽取出来的任何一套研究规则相比，范式可能更优先、更具约束力、更完整。

至此，这个论点还完全是理论性的：范式无须规则的介入就可决定常规科学。为使这个论点更加清晰有力，现在我要举出几个理由，表明范式的确是以这种方式运作的。第一，正如我们已经详细讨论的那样，指导特定常规科学传统的规则是极

难发现的。其困难程度几乎等同于某位哲学家想要说出所有游戏的共同点。第二个理由根植于科学教育的本质，前一个理由
47 其实是这个理由的推论。我们应该已经很清楚，科学家从不抽象地学习概念、定律和理论本身。相反，这些思想工具从一开始就是在一个无论从历史来看还是从教学来看都具有优先性的单元中遇到的，它们与应用一起并且通过应用而得到显示。一个新的理论被宣布时，总是附带着它在某个具体范围的自然现象中的应用；如果没有这些应用，理论甚至不可能被接受。理论被接受之后，这些应用会随同理论一起被写入教科书，未来的从业者会从教科书中学习这个行当。这些应用在教科书中并非只是点缀或文献资料而已。恰恰相反，学习理论的过程依赖于对应用的研究，包括用纸和笔以及在实验室中用仪器来解决实际问题。例如，学习牛顿力学的学生之所以能够发现“力”“质量”“空间”和“时间”等一些词的含义，主要应当归功于观察和参与如何用这些概念来解决问题，而不是教科书中虽然不无帮助但并不完整的定义。

这种通过技巧练习或实际操作来学习的过程贯穿于专业入门的整个过程。一个学生从大一课程一直到做博士论文，指派给他的问题越来越复杂，越来越无先例可循。但无论是这些问题，还是他以后在独立科学生涯中常规研究的问题，都继续以之前的成就为榜样。当然我们尽可以假设，科学家在中途的某一时刻凭借直觉抽象出了游戏规则，但没有理由相信这一点。虽然许多科学家能够轻松而精彩地谈论当前某个具体研究所依

据的特定假说，但要说明其领域的既有基础、合理问题和方法，他们并不比业外人士更好。即使他们的确学会了这些抽象规则，那也主要表现在他们能够进行成功的研究。不过，我们无须诉诸假设性的游戏规则也能理解那种能力。

科学教育的这些结果又转而提供了第三个理由，说明除了
通过抽象的规则，范式还通过直接模仿来指导研究。只要相关 48
的科学共同体毫无异议地接受了已有的特定问题解答，常规科学没有规则也能进行。因此，只要感到范式或模型不够可靠，规则就会变得重要起来，对规则漠不关心的态度也会消失。而且，事实就是这样的。特别是，前范式时期的一个特征就是经常会对什么是合理的方法、问题和解答标准展开频繁而深入的争论，尽管这些争论主要是为了表明自己学派的主张，而不是达成一致。我们已经谈到光学和电学中的一些争论，这些争论在 17 世纪化学和 19 世纪初地质学的发展中起着更大的作用。[3] 而且，这类争论不会随着范式的出现而永远消失。虽然这些争论在常规科学时期几乎不存在，但在科学革命（即范式遭到攻击然后发生转变的时期）之前和期间，它们会反复出现。从牛顿力学到量子力学的转变激起了关于物理学本质和标准的许多

[3]　关于化学，参见 H. Metzger, *Les doctrines chimiques en France du début du XVIIe à la fin du XVIIIe siècle* (Paris, 1923), pp. 24-27, 146-149; and Marie Boas, *Robert Boyle and Seventeenth-Century Chemistry* (Cambridge, 1958), chap. ii。关于地质学，参见 Walter F. Cannon, “The Uniformitarian-Catastrophist Debate”, *Isis*, LI (1960), 38-55, and C. C. Gillispie, *Genesis and Geology* (Cambridge, Mass., 1951), chaps. iv-v。

争论，其中一些持续至今。[4] 今天有些健在的人仍然记得统计力学和麦克斯韦的电磁理论所引发的类似争论。[5] 更早的时候，
49 伽利略力学和牛顿力学被吸纳引发了与亚里士多德主义者、笛卡尔主义者和莱布尼茨主义者的一系列特别著名的争论，议题是：什么是科学的合理标准。[6] 如果科学家们无法就其领域的基本问题是否已经解决达成共识，寻求规则便获得了一种通常并不具有的功能。但只要范式仍然稳固，那么即使对合理性没有达成一致意见，甚至根本不关心这个问题，范式也能发挥作用。

本章最后要谈谈认为范式的地位比共有的规则和假定更优先的第四个理由。本书导言曾经指出，革命的规模有大有小，有些革命只影响附属专业的成员，对于这些群体来说，即使是发现一个出乎预料的新现象也可能是革命性的。下一章会选取这类革命来介绍，到目前为止，我们还根本不清楚它们如何可

[4] 关于量子力学的争论，参见 Jean Ullmo, *La crise de la physique quantique* (Paris, 1950), chap. ii。

[5] 关于统计力学，参见 René Dugas, *La théorie physique au sens de Boltzmann et ses prolongements modernes* (Neuchatel, 1959), pp. 158-184, 206-219。关于对麦克斯韦工作的反应，参见 Max Planck, "Maxwell's Influence in Germany", in *James Clerk Maxwell: A Commemoration Volume, 1831-1931* (Cambridge, 1931), pp. 45-65, esp. pp. 58-63, and Silvanus P. Thompson, *The Life of William Thomson Baron Kelvin of Largs* (London, 1910), II, 1021-1027。

[6] 与亚里士多德主义者作斗争的一个实例，参见 A. Koyré, "A Documentary History of the Problem of Fall from Kepler to Newton", *Transactions of the American Philosophical Society*, XLV (1955), 329-395。与笛卡尔主义者和莱布尼茨主义者的争论，参见 Pierre Brunet, *L'introduction des théories de Newton en France au XVIIIe siècle* (Paris, 1931), and A. Koyré, *From the Closed World to the Infinite Universe* (Baltimore, 1957), chap. xi。

能存在。如果常规科学就像之前的讨论所暗示的那样稳固，科学共同体又如此紧密地团结在一起，范式的改变如何能够只影响一个小群体呢？前面的说法似乎暗示，常规科学是一项整体的、统一的事业，它的存亡不仅系于所有范式，也系于其中任何一个范式。但科学显然极少或从不像上面所说的那样。纵观所有科学领域，科学常常像是一个非常松散的结构，各个部分之间几乎没有什么连贯性。但这与我们非常熟悉的观点不应有任何冲突。恰恰相反，用范式来代替规则将使科学领域和专业的多样性更容易理解。明确的规则存在时，通常是一个非常广泛的科学群体所共有的，但范式不必如此。相隔很远的领域，例如天文学和植物分类学的研究者，是通过学习完全不同的书籍中描述的完全不同的成就而受到教育的。甚至是相同领域或 50
密切相关领域中的研究者，虽然起初学习的是许多相同的书和成就，但在专业化的过程中却可能获得完全不同的范式。

举例来说，考虑由所有物理学家组成的庞大而多样的共同体。今天，该群体的每一位成员都学过比如说量子力学定律，而且其中大多数人都曾在研究或教学中使用过这些定律。但他们学到的这些定律的应用并不相同，因此量子力学实践的变化不会对他们造成同样的影响。在通往专业化的道路上，少数物理学家只接触过量子力学的基本原理，另一些人详细研究如何把这些原理范式性地应用于化学，还有一些人则把它们应用于固体物理学，等等。对于他们每个人来说，量子力学意味着什么取决于修过的课程、读过的教科书和研读的期刊。因此，虽然量子力学定律的改变对于所有这些群体来说都将是革命性的，但只显示量子力学的某一种范式应用的改变，仅仅对于特定专业的一小群成员才是革命性的。对于该专业的其他成员和研究其他物理科学的人来说，这种改变并不一定是革命性的。简而言之，虽然量子力学（或牛顿力学，或电磁理论）是许多科学群体的范式，但对于不同的群体，其意义并不相同。因此，它能同时决定常规科学的若干虽有重叠但不尽相同的传统。在其中一种传统内发生的革命并不必然波及其他传统。

为了增强这一系列论点的说服力，我想再举一个专业化后果的简单例子。一位研究者想知道科学家是如何看待原子论的，就问一位著名的物理学家和一位杰出的化学家，单个氦原
51 子是不是分子。两人毫不犹豫地作了回答，但答案并不相同。化学家说，氦原子是分子，因为从气体运动论的观点看，它的行为像分子。而物理学家则说，氦原子不是分子，因为它没有显示分子光谱。[7] 两人说的大概是相同的粒子，但他们是从各自的研究训练和实践来看待它的。解题经验告诉他们，一个分子必须是什么。他们的经验无疑有很多共同之处，但在这里，经验并没有告诉两位专家相同的东西。接下来我们会发现，这种范式差别有时会产生非常重要的后果。

[7] 这位研究者是 James K. Senior，感谢他告诉我这个故事。他的论文 "The Vernacular of the Laboratory", *Philosophy of Science*, XXV (1958), 163-168 讨论了一些相关的议题。

第六章　反常与科学发现的出现

常规科学，即我们刚才考察的解谜题活动，是一项高度 52
累积性的事业。它非常成功地实现了自己的目标，即稳步扩展科学知识的广度和精度。在所有这些方面，它都非常精确地符合最常见的科学工作形象。但科学事业的一项标准产物却未见踪影。常规科学并非旨在发现新奇的事实或理论，成功的常规科学也不会发现新东西。但科学研究却能不断揭示新的未知现象，科学家也一再发明全新的理论。历史甚至表明，科学事业已经发展出一种极为强大的技巧来产生这类令人惊讶的东西。如果科学的这个特征与我们前面所说相一致，那么在范式指导下的研究必定是引起范式改变的特别有效的方式。这就是重要的新奇事实和理论所做的事情。按照一套规则进行的游戏不经意间产生了一些新奇事物，吸纳它们需要精心制定另一套规则。这些新奇事物成为科学的一部分之后，科学事业，至少是这些新奇事物所属领域的那些专家的事业，再也不同于以往了。

我们现在要问，这类变化是如何可能发生的。我们先考虑 53
发现，或新奇的事实，然后再考虑发明，或新奇的理论。不过我们很快就会看到，发现与发明的区分，或者事实与理论的区分，是非常人为的。这种人为性是本书中一些主要论题的重要线索。我们很快就会看到，本章接下来选取的那些发现并非孤立的事件，而是延续的情节，且具有一种经常重现的结构。发现始于意识到反常，即认识到自然已经违反了支配常规科学的由范式引出的预期。接着是对反常领域进行扩展的探索，直至把范式理论调整到使反常成为预期为止。吸纳一类新的事实需要对理论另作调整，在调整完成之前——在科学家学会以不同的方式看待自然之前——新的事实根本不能算是科学事实。

为了看清楚新奇的事实和理论在科学发现中是如何紧密纠缠在一起的，我们考察一个特别著名的例子，即氧气的发现。至少有三个人有正当的理由声称氧气是自己发现的，另有几位化学家在 18 世纪 70 年代初也一定在实验室容器中得到了这种气体而不自知。[1] 在这个气体化学的例子中，常规科学的进展为一次彻底突破铺平了道路。瑞典药剂师舍勒（C. W. Scheele）最早声称制备出了一种相对纯净的气体样本。不过我们可以忽略他的工作，因为当它发表时，已经多次有人在其他地方宣布发现了氧气，因此它对我们这里最关心的历史模式没有影响。[2]

---

[1] 关于氧气发现的更经典的讨论，参见 A. N. Meldrum, *The Eighteenth-Century Revolution in Science—the First Phase* (Calcutta, 1930), chap. v。一个新近的不可或缺的评论，包括对优先权争论的论述，参见 Maurice Daumas, *Lavoisier, théoricien et expérimentateur* (Paris, 1955), chaps. ii-iii。更完整的论述和参考文献，另见 T. S. Kuhn, “The Historical Structure of Scientific Discovery”, *Science*, CXXXVI (June 1, 1962), 760-764。

[2] 不过，关于舍勒的角色有不同的评价，参见 Uno Bocklund, “A Lost Letter from Scheele to Lavoisier”, *Lychnos*, 1957-1958, pp. 39-62。

第二位声称发现氧气的是英国科学家和牧师约瑟夫·普里斯特 54
利（Joseph Priestley），他把加热红色氧化汞释放出来的气体收集起来，作为对大量固体物质释放出的“气体”（airs）进行长期常规研究中的一项。1774 年，他把这样产生的气体确认为笑气（即一氧化二氮）。1775 年，作了进一步检验之后，他又认为这种气体是燃素含量较少的普通空气。第三位声称发现氧气的是拉瓦锡，他的氧气发现工作始于 1774 年普里斯特利的实验之后，而且可能得到了普里斯特利的指点。1775 年初，拉瓦锡报告说，加热红色氧化汞所得到的气体是“完全没有改变的空气本身，[只不过]……更加纯净、更适于呼吸而已” [3]。到了 1777 年，也许再次得到了普里斯特利的指点，拉瓦锡断定这是一种不同种类的气体，是大气的两种主要成分之一。普里斯特利永远不可能接受这个结论。

这种发现模式引出了一个问题，对于科学家已经意识到的每一个新现象，我们都可以问这个问题。第一个发现氧气的是普里斯特利，还是拉瓦锡？无论是谁，氧气是什么时候发现的？即使只有一个人声称自己是第一人，我们也仍然可以提出这样的问题。倘若答案是对优先权和年代的裁决，那么我们根本就不关心答案。但给出答案的努力会阐明发现的本质，因为所寻找的那种答案根本就不存在。关于发现过程并不适合问这

---

[3] J. B. Conant, *The Overthrow of the Phlogiston Theory: The Chemical Revolution of 1775-1789* (“Harvard Case Histories in Experimental Science”, Case 2; Cambridge, Mass., 1950), p. 23. 这本非常有用的小册子重印了许多相关文献。

个问题。人们的确问了这个问题——自 18 世纪 80 年代以来，氧气的发现优先权一再被争论——这表明认为发现扮演着根本角色的那种科学形象有某种偏颇之处。再看看我们的例子。普里斯特利之所以声称发现了氧气，是因为他最先分离出一种气体，后来被认定为一种不同的气体。但普里斯特利的样本并不纯，如果手持不纯的氧气就算发现了氧气，那么任何用瓶子装空气的人都算氧气的发现者了。此外，如果普里斯特利是发现
55 者，那他是何时作出发现的呢？1774 年，他以为自己得到的是笑气，这是一种他已经知道的气体；1775 年，他认为这种气体是脱燃素空气，但仍然不是氧气，对于燃素化学家来说，甚至是一种完全出乎预料的气体。拉瓦锡的声称也许更有力，但也面临同样的问题。如果我们拒绝将荣誉归于普里斯特利，那么我们也不能将荣誉归于拉瓦锡，因为 1775 年的工作使他认为那种气体“完全就是空气本身”。也许我们可以等待 1776 年和 1777 年的工作，因为它使拉瓦锡不仅知道有这种气体存在，而且还知道这是什么气体。但即使这种荣誉也是成问题的，因为从 1777 年一直到离世，拉瓦锡始终坚持认为，氧是一种“酸素”原子，而且只有在这种“酸素”与热质结合起来时才会产生氧气。[4] 我们是否因此可以说，氧气在 1777 年还未被发现呢？有些人也许想这样说。但酸素直到 1810 年以后才被逐出化学，而热质则

---

[4] H. Metzger, *La philosophie de la matière chez Lavoisier* (Paris, 1935), and Daumas, *op. cit.*, chap. vii。

一直苟延到 19 世纪 60 年代。而早在这两个年代之前，氧气就已经成为一种标准的化学物质了。

显然，我们需要一套新的词汇和概念来分析诸如氧气发现这样的事件。虽然“氧气被发现了”这句话无疑是正确的，但它会让我们误以为发现某种东西是一个单纯的行动，可以认为与我们通常的（也是成问题的）“看到”（seeing）概念相类似。难怪我们很容易假定，发现就像看到或触摸一样，应当可以明确归于某个人和某一时刻。但归于某一时刻永远是不可能的，归于某个人也往往难以做到。不考虑舍勒，我们可以有把握地说，氧气在 1774 年前没有被发现，我们或许也可以说，到了 1777 年或稍后，氧气已经被发现了。但在诸如此类的时间限度内，任何想确定发现日期的尝试都不可避免是任意的，因为发现一种新的现象必然是个复杂的事件，既涉及认识到某种东西存在，又涉及认识到它是什么。例如，如果认为氧气是脱燃素空气，我们就会毫不犹豫地坚称普里斯特利发现了氧气，尽管 56
我们并不清楚他是什么时候发现的。但如果观察与概念形成、事实与融入理论这两者在发现中紧密相关，那么发现就是一个过程，需要花时间完成。只有当所有相关的概念范畴都事先备好，此时现象已经不再新奇，发现那个东西存在和发现它是什么才能毫不费力地同时发生。

既然发现涉及一个持续但未必很长的概念同化过程，我们是否也可以说，发现涉及范式改变呢？对于这个问题，我们给不出一般的答案，但至少在这里，答案是肯定的。从 1777 年起，拉瓦锡在其论文里宣布的与其说是氧气的发现，不如说是燃烧氧化理论。该理论是重新表述化学的关键，化学的改观是如此之大，以至于通常被称为化学革命。事实上，要不是氧气的发现与化学新范式的出现密不可分，我们一开始讨论的优先权问题就不会那么重要。在诸如此类的案例中，一个新现象及其发现者被赋予的价值，与该现象违反范式预期的程度成正比。不过请注意，氧气的发现本身并非化学理论变化的原因，这一点在以后的讨论中很重要。早在致力于发现这种新气体之前很久，拉瓦锡就确信燃素理论有误，确信燃烧物会吸收大气中的某些成分。他把许多内容记录在一本密封的笔记中，并于 1772 年交予法兰西科学院秘书保管。[5] 氧气研究为拉瓦锡早先感觉到哪里有些不对劲提供了额外的形式和结构。通过研究，他知道了他已经准备去发现的一种东西——大气中被燃烧掉的物质的本质。拉瓦锡之所以能在与普里斯特利类似的实验中看到普里斯特利未能看到的一种
57 气体，事先意识到种种困难必定起了重要作用。反过来说，要想看到拉瓦锡所看到的东西，必须有一次重大的范式修改，难怪普里斯特利终其漫长的一生也没能看到它。

再举两个更简要的例子，一方面可以加强上述观点，同时也使我们从阐述发现的本质转向理解发现在科学中出现的情境。为了描述发现出现的主要方式，这里选取的两个例子既彼

[5] 关于拉瓦锡对燃素理论的不满的起源，最权威的论述参见 Henry Guerlac, *Lavoisier—the Crucial Year: The Background and Origin of His First Experiments on Combustion in 1772* (Ithaca, N.Y., 1961)。

此不同，又与氧气的发现不同。第一个例子是 X 射线，这是意外导致发现的经典案例。这类发现的出现要比科学报告的客观标准使我们意识到的频繁得多。发现 X 射线那天，物理学家伦琴（Roentgen）中断了他对阴极射线的常规研究，因为他注意到，在放电过程中，与他的屏蔽装置相隔一段距离的氰亚铂酸钡屏会发光。进一步的研究——忙了七个星期，其间伦琴很少离开实验室——表明，发光是阴极射线管发出的辐射线所致，这种辐射会造成阴影，不因磁场而偏转，还有其他许多性质。在宣布自己的发现之前，伦琴深信这种效应不是阴极射线引起的，而是某种至少与光类似的东西引起的。[6]

即使是这样简要的概述也显示了它与氧气的发现有明显的相似之处：在用红色氧化汞做实验之前，拉瓦锡所做的实验没有产生燃素范式所预期的结果；伦琴的发现始于认识到本不该发光的屏发光了。在这两种情况下，知觉到反常——知觉到研究者的范式并未预期的现象——对知觉新奇事物起了关键作
用。但同样在这两种情况中，知觉到某种东西不大对劲仅仅是 58
发现的序幕。如果没有进一步的实验和吸纳过程，无论是氧气还是 X 射线都不会出现。例如，在伦琴研究的哪一点上，我们才应该说 X 射线实际被发现了呢？绝不是在伦琴第一次注意到发光屏的那个瞬间。至少还有一位研究者见过那种发光，但他

[6] L. W. Taylor, *Physics, the Pioneer Science* (Boston, 1941), pp. 790-794, and T. W. Chalmers, *Historic Researches* (London, 1949), pp. 218-219.

什么也没有发现，这使他后来懊悔不已。[7] 几乎同样清楚的是，也不能把发现的时刻推迟到伦琴从事研究的最后一周，因为那时他已经发现了新的辐射，正在研究它的性质。我们只能说，X射线是 1895 年 11 月 8 日和 12 月 28 日之间在维尔茨堡出现的。

然而，氧气的发现与 X 射线的发现之间第三个重要的相似之处就不那么显而易见了。与氧气的发现不同，X 射线的发现至少在十年后并没有导致科学理论有任何明显剧变。那么，在什么意义上可以说对这个发现的吸纳必然会使范式发生改变呢？否认这样一种改变的理由非常有说服力。伦琴及其同时代人所赞成的范式固然不能用来预言 X 射线（麦克斯韦的电磁理论尚未被普遍接受，阴极射线的粒子理论仅仅是几种流行的猜测之一），但这些范式至少就其明显的意义而言，并不像燃素理论禁止拉瓦锡对普里斯特利的气体所做的诠释那样禁止 X 射线的存在。恰恰相反，1895 年，公认的科学理论和实践容许有若干种形式的辐射——可见的、红外的和紫外的。为什么不能把 X 射线当作人所熟知的另一类自然现象来接受呢？例如，为什
59 么不能像发现一种新的化学元素那样来接受它呢？在伦琴的时代，人们仍然在寻找并且找到了新的元素来填补周期表中的空位。这是常规科学的一项标准课题，对于它所取得的成功，只

[7] E. T. Whittaker, *A History of the Theories of Aether and Electricity*, I (2d ed.; London, 1951), 358, n. 1. 乔治·汤姆孙爵士（Sir George Thomson）曾告诉过我第二个差一点就成功的事例。威廉·克鲁克斯爵士（Sir William Crookes）注意到照相底片上有无法解释的模糊不清，从而也走上了发现之路。

应祝贺，不应惊讶。

然而，X 射线的发现不仅使人惊奇，而且令人震惊。开尔文勋爵（Lord Kelvin）起初宣称这是一场精心设计的骗局。[8] 另一些人虽然无法怀疑证据，却明显感到震惊。尽管既有的理论并未禁止 X 射线，但 X 射线却违反了牢固确立的预期。我认为，那些预期隐含在既定实验室程序的设计和诠释中。到了 19 世纪 90 年代，欧洲的许多实验室都配备了阴极射线装置。如果伦琴的仪器产生了 X 射线，那么其他一些实验家必定也产生过这些射线而浑然不知。也许 X 射线还有其他未知来源，因此参与了先前解释的行为也未可知。至少从今以后，有几种大家久已熟知的仪器将不得不用铅来屏蔽。以前完成的常规工作现在必须重做，因为之前的科学家并不知道这一相关变量，因此也未能控制。X 射线固然开辟了一个新领域，从而扩大了常规科学的潜在范围，但更重要的是，它们也改变了已有的领域。在此过程中，它们使以前仪器操作的范式类型不再有资格被称为范式。

简而言之，不论是否意识到，只要决定使用某种特定的仪器，并以一种特殊的方式使用它，就等于假定只有某些类型的情况会发生。除了理论上的预期，还有仪器上的预期，它们在科学发展中往往起着决定性的作用。氧气很晚才被发现就是一例。在对“好空气”（the goodness of air）进行标准检验时，

---

[8] Silvanus P. Thompson, *The Life of Sir William Thomson Baron Kelvin of Largs* (London, 1910), II, 1125.

60 普里斯特利和拉瓦锡都把两体积他们的气体与一体积笑气相混合，在水里摇动混合物，并测量残余气体的体积。这种标准程序源于之前的经验，这种经验使他们确信，如果受检气体是普通空气，那么残余气体将是一体积，如果是任何其他气体（或者受污染的空气），体积将会大一些。在氧气实验中，两人都发现残余气体接近一体积，并对气体作出了相应鉴定。直到很久以后，而且部分是出于意外，普里斯特利放弃了标准程序，尝试将他的气体与笑气作其他比例的混合。然后他发现，用四倍体积的笑气时，就几乎没有残余气体了。他相信最初的检验程序——这种程序已为之前的许多经验所认可——同时也是相信不存在性质像氧气那样的气体。[9]

铀裂变很晚才被确认，也是同一类的例子。事实证明，核反应特别难以确认，一个原因在于，知道轰击铀会产生什么后果的人选择的化学检验主要针对的是周期表上端的元素。[10] 既

---

[9] Conant, *op. cit.*, pp. 18-20.

[10] K. K. Darrow, “Nuclear Fission”, *Bell System Technical Journal*, XIX (1940), 267-289. 在裂变反应得到充分理解之前，作为两种主要裂变产物之一的氪似乎未能用化学方法鉴别出来。另一种产物钡，也是到了这种研究的晚期阶段才以化学方式得到确认，因为核化学家碰巧不得不把这种元素加入放射性溶液，才能析出他们正在寻找的这种重元素。由于没能把加入的钡与这种放射性产物分离开来，在反复研究这个反应大约五年之后，才最终得出以下报告：“作为化学家，这项研究应使我们……质疑先前〔反应〕图式中的所有名称，写下钡、镧、铈，而不是镭、锕、钍。但作为与物理学关系密切的‘核化学家’，我们不能作出这种跳跃，那将与所有以前的核物理学经验相抵触。也许是一系列奇特的偶然事件使我们的结果具有欺骗性。” (Otto Hahn and Fritz Strassman, “Über den Nachweis und das Verhalten der bei der Bestrahlung des Urans mittels Neutronen entstehended Erdalkalimetalle”, *Die Naturwissenschaften*, XXVII [1939], 15.)

然这些关于仪器的信念经常会引起误导，我们是否应该得出结论说，科学应当放弃标准检验和标准仪器呢？不行的，那会导致一种难以设想的研究方法。范式程序和应用，就像范式定律 61
和理论一样，都是科学所需要的，而且有同样的作用。在任何时候，它们都不可避免会限制科学研究所涉及的现象领域。认识到这一点，我们也许就可以同时看到，像 X 射线这样的发现必然会使科学共同体某个特殊部门的范式发生变化，从而引起程序和预期这两方面的变化。结果，我们也许还能理解，为何在许多科学家看来，X 射线的发现就像开启了一个奇妙的新世界，从而有效地促成了那场导向 20 世纪物理学的危机。

我们要举的科学发现的最后一个例子是莱顿瓶，也许可以将它归于理论导致的那一类发现。初看起来，这个说法似乎是悖谬的。我们前面所说的许多内容都表明，理论事先预言的发现都是常规科学的一部分，而绝不会产生**新的**事实**类型**。例如，我前面谈到，19 世纪下半叶新化学元素的发现便是以那种方式源于常规科学。但并非所有理论都是范式理论。无论在前范式时期，还是在导致范式大规模改变的危机时期，科学家们通常都会提出许多思辨性的、不太清晰的理论，这些理论本身为发现指出了道路。但那些发现往往不是思辨性和尝试性的假说所能预见到的。只有在实验与尝试性的理论匹配起来之后，发现才会出现，理论才会成为范式。

莱顿瓶的发现显示了所有这些特征以及我们以前指出的其他特征。电学研究开始时并无范式可言，而是有许多理论在竞争，它们都源于比较容易接触到的现象。其中没有一个能对所有电学现象进行成功的整理。这种失败导致了几种反常，从而为莱顿瓶的发现提供了背景。有一派电学家认为电是一种流体，这种
62 观念促使一些人尝试把电流装进瓶子里，他们手里拿着一只装满水的玻璃瓶，让水接触一根从正在运转的静电发生器那里引出来的导线。让瓶子远离静电发生器，用另一只手接触水（或与水相连的导线），此时每一位研究者都会经受强烈的电击。然而，这些早期的实验并没有使电学家发现莱顿瓶。这种装置出现得更慢，而且同样说不清楚究竟是什么时候发现它的。存储电流的早期尝试之所以成功，仅仅是因为研究者把瓶子拿在手里，同时人站在地上。电学家们还知道，瓶子内外都需要导电涂层，而且电流其实根本没有存储在瓶子里。在研究过程中，他们有时也会觉察到这一点，从而注意到其他几个反常效应，这样才会出现我们称之为莱顿瓶的装置。而且，导致莱顿瓶出现的那些实验（其中许多是富兰克林做的）也要求对流体理论作出重大修改，从而为电学提供了第一个完整的范式。[11]

在或大或小的程度上（对应于从震惊到结果可期的连续谱），上述三个例子所共有的特征，在所有导致新现象出现的发现中都有。这些特征包括：先觉察到反常，逐渐同时出现观

[11] 关于莱顿瓶演化的不同阶段，参见 I. B. Cohen, *Franklin and Newton: An Inquiry into Speculative Newtonian Experimental Science and Franklin's Work in Electricity as an Example Thereof* (Philadelphia, 1956), pp. 385-386, 400-406, 452-467, 506-507。最后一个阶段，参见 Whittaker, *op. cit.*, pp. 50-52。

察和概念上的认识，随后发生范式范畴和程序的改变，而且往往伴随着抵抗。甚至有证据表明，这些特征已被嵌入知觉过程自身的本质之中。在一个特别值得业外人士了解的心理学实验中，布鲁纳（Bruner）和波斯特曼（Postman）让实验受试者辨认在很短时间内和受控条件下暴露于眼前的一系列纸牌。其中很多牌是正常的，但也有一些故意做成反常的，比如红色的黑 63
桃 6 和黑色的红心 4。每一轮实验只让一位受试者看一张牌，暴露时间逐渐增加。每次曝露以后就问受试者看到了什么，如果连续两次辨认正确，则这一轮结束。[12]

即使在极短的暴露时间里，许多受试者也能辨认出大多数牌，暴露时间稍微延长一些，所有受试者都能辨认出所有牌。对于正常牌，这些辨认通常是正确的，但反常牌几乎总被毫不犹豫地认作正常的。例如，黑色的红心 4 可能被认作黑桃 4 或红心 4。他们没有觉察到任何不对劲，反常牌立即被纳入了之前的经验已经准备好的概念范畴。我们甚至不能说，受试者看见的东西不同于他们辨认出的东西。如果进一步延长反常牌的暴露时间，受试者就会开始犹豫，显示出已经觉察到反常。例如亮出一张红色的黑桃 6 时，有些受试者会说：这是黑桃 6，但有些不对劲——黑桃有红边。继续延长暴露时间，受试者会更加犹豫和困惑，直到最后，有时相当突然，大多数受试者会毫

[12] J. S. Bruner and Leo Postman, “On the Perception of Incongruity: A Paradigm”, *Journal of Personality*, XVIII (1949), 206-223.

不犹豫地作出正确的辨认。此外，认出两三张这样的反常牌之后，他们就很容易辨认出其他反常牌了。不过，有少数受试者始终无法对他们的范畴作出必要调整。甚至把反常牌的暴露时间延长到辨认正常牌所需时间的40倍，也仍然有超过10%的反常牌不能被正确辨认出来。辨认错误的受试者往往会感到非常沮丧。其中一位惊呼：“我什么花色也认不出。那时它看起来
64 根本不像一张牌。我不知道它现在是什么颜色，是黑桃还是红心。我现在甚至连黑桃是什么样子都不敢说了。我的天呐！”[13]下一章我们偶尔会看到，科学家也有这种表现。

不论是作为隐喻，还是因为反映了心灵的本质，这个心理学实验都为科学发现的过程提供了一种极为简单和令人信服的图式。科学中也像玩那个认牌实验一样，新奇事物的出现总是伴随着困难，因抵抗而显露，由预期所衬托。起初，只有预期的通常情形被经验到，即使后来观察到反常也是如此。但进一步了解之后就会觉察到有哪里不对劲，或把这种结果与之前出错的某种事情联系起来。这种对反常的觉察开启了一个新的时期，在此期间，概念范畴一直调整到起初的反常变成预期为止。至此，发现才算完成。我已经强调指出，所有基本的科学新事物的出现都要涉及这个过程或与之极为类似的过程。现在我要指出，认识了这个过程，我们终于开始理解为什么常规科

[13] J. S. Bruner and Leo Postman, “On the Perception of Incongruity: A Paradigm”, *Journal of Personality*, XVIII (1949), p. 218. 我的同事波斯特曼告诉我，他虽然事先知道这个实验的详情，但还是一看到反常牌就感觉非常不舒服。

学虽然不追求新奇事物，而且起初还往往压制它们，却能有效地使新事物出现。

在任何一门科学的发展过程中，最先接受的范式通常被认为能够非常成功地解释科学研究者容易接触的大多数观察和实验。因此，进一步的发展通常需要构造复杂的设备，发展一套只有内行才懂的词汇和技巧，精练概念，使之越来越不像其通常的常识原型。这种专业化一方面大大限制了科学家的眼光，严重阻碍了范式改变，科学变得日益僵化；另一方面，在范式
指向的那些领域，常规科学引出了详细的信息，也使观察和理 65
论空前地精确符合。此外，详细的信息和精确的符合虽然有其内在价值，但并不总是很高，它们还有一种更高的价值。如果没有主要为预期功能制造的专门仪器，就不可能发生最终导致新奇事物的结果。甚至当这种仪器存在时，新奇事物也往往只对精确地知道应当预期什么、能够认识到某种东西出了差错的人才出现。反常只在范式提供的背景下才会显现。范式越是精确和广泛，就越能灵敏地指示出反常和范式改变的契机。在科学发现的常规模式中，甚至连对改变的抵抗也是有用的，我们将在下一章对这种功用作更详细的探讨。这种抵抗确保范式不会轻易被放弃，从而保证科学家不会轻易分心，以及引起范式改变的反常必须穿透现有知识的核心。科学上重要的新奇事物常常同时出现于好几个实验室，这个事实显示了常规科学极为传统的本质，也表明这种传统研究为常规科学自身的改变彻底铺平了道路。

第七章　危机与科学理论的出现

66 第六章讨论的科学发现直接或间接导致了范式的改变。此外，这些发现所涉及的改变既是建设性的，又是破坏性的。把发现吸纳之后，科学家们能够解释更大范围的自然现象，或者更精确地解释一些已知现象。但只有放弃一些以前的标准信念或程序，同时用其他成分来代替之前范式的那些成分，才能实现这一点。我曾指出，这类转变与通过常规科学作出的所有发现密切相关，只有那些除细节外都被预见到的毫不新奇的发现除外。然而，并非只有发现才能引起这些兼具破坏性和建设性的范式改变。在本章，我们要讨论新理论的发明所引起的类似的，但往往更大的范式改变。

我们说过，在科学中，事实与理论、发现与发明并无绝对而永久的区分，因此可以预料，本章与上一章会有所重叠。（有人主张普里斯特利先发现了氧气，然后拉瓦锡发明了氧气，我
67 并不认同这种说法，但它不无吸引力。我们已经谈过氧气的“发现”，我们很快要谈谈氧气的“发明”。）在讨论新理论的出现时，我们也不可避免会扩展对发现的理解。然而，重叠并不等于完全相同。上一章讨论的种种发现至少不能单独引发像哥白尼革

命、牛顿革命、化学革命和爱因斯坦革命那样的范式转换，也不能引发光的波动说、热力学理论或麦克斯韦的电磁理论所产生的那种更小、更专门的范式改变。既然常规科学活动既不追求发现新事物，更不追求发明新理论，像这样的理论如何能从常规科学中产生呢?

如果说觉察到反常对于新现象的出现是重要的，那么一切可接受的理论变化就更要以一种类似但更为深刻的觉察为前提了。我认为，这一点有非常明确的历史证据。哥白尼宣布自己的观点之前，托勒密天文学处于一种困难重重的状态。[1] 伽利略对运动理论的贡献与经院批评者在亚里士多德理论中发现的困难密切相关。[2] 牛顿关于光和颜色的新理论源于发现现有的前范式理论无一能够解释光谱的长度。而取代牛顿微粒说的波动说正是在衍射和偏振效应与牛顿理论关系上的反常日益受到关注时宣布的。[3] 热力学产生于 19 世纪两种物理理论之间的冲
突，而量子力学则产生于黑体辐射、比热和光电效应等方面的 68

[1] A. R. Hall, *The Scientific Revolution, 1500-1800* (London, 1954), p. 16.

[2] Marshall Clagett, *The Science of Mechanics in the Middle Ages* (Madison, Wis., 1959), Parts II-III. 柯瓦雷在其《伽利略研究》(*Etudes Galiléennes*, Paris, 1939)，特别是第一卷中展示了伽利略思想中的一些中世纪要素。

[3] 关于牛顿，参见 T. S. Kuhn, “Newton’s Optical Papers”, in *Isaac Newton's Papers and Letters in Natural Philosophy*, ed. I. B. Cohen (Cambridge, Mass., 1958), pp. 27-45。关于波动说的序幕，参见 E. T. Whittaker, *A History of the Theories of Aether and Electricity*, I (2d ed.; London, 1951), 94-109，以及 W. Whewell, *History of the Inductive Sciences* (rev. ed.; London, 1847), II, 396-466。

困难。[4] 此外，除了牛顿的情况，在所有这些案例中，对反常的觉察是如此长久和深刻，以至于完全可以说，受它影响的各个领域正处于越来越大的危机之中。由于新理论的出现需要大规模地破坏范式，需要常规科学的问题和技巧发生重大改变，所以新理论出现之前一般都有一段时期，研究者会有明显的不安全感。不难料想，这种不安全感是因常规科学的解谜题工作持续失败而引起的。现有规则的失灵正是寻找新规则的序幕。

我们先来看一个特别著名的范式改变的案例，那就是哥白尼天文学的出现。它的前身托勒密体系最初是在公元前两个世纪和公元后两个世纪发展起来的，此时它在预言恒星和行星的位置变化方面极为成功，任何其他古代体系都无法与之相比。对于恒星，托勒密天文学时至今日仍被广泛用作一种具有实用价值的近似；对于行星，托勒密的预言与哥白尼的预言一样好。但对于一个科学理论来说，极为成功并不等于完全成功。在行星位置和岁差这两方面，托勒密体系的预言从未完全符合当时的最佳观测。对于托勒密的许多继承者来说，如何进一步减少这些微小的不符，就成了常规天文学研究的重要问题，就像对于牛顿在 18 世纪的后继者来说，力图把天文观测与牛顿理论结合起来成为常规研究的问题一样。一段时间以来，天文学家有充分的理由认为，这些努力和那些导致托勒密体系的努力一样成功。碰到不符之处

[4] 关于热力学，参见 Silvanus P. Thompson, *Life of William Thomson Baron Kelvin of Largs* (London, 1910), I, 266-281。关于量子理论，参见 Fritz Reiche, *The Quantum Theory*, trans. H. S. Hatfield and II. L. Brose (London, 1922), chaps. i-ii。

时，天文学家总能通过对托勒密的复合圆体系作出某种调整而消
除它。但随着时间的推移，关注天文学常规研究最终结果的人会 69
发现，天文学的复杂性远比其准确性增加得更快，而且不符之处在一个地方纠正了，在另一个地方又可能出现。[5]

由于天文学传统一再受到外界的影响而中断，天文学家之间的交流也因为没有印刷术而受到限制，所以这些困难只是慢慢才被认识到。但最后终于有人察觉到了。到了 13 世纪，阿方索十世（Alfonso X）宣称，上帝如果在创造宇宙时跟他商量过，一定会得到很好的建议。16 世纪哥白尼的合作者多梅尼科·诺瓦拉（Domenico da Novara）认为，任何像托勒密体系那样笨拙和不准确的体系都不可能真实地描述自然。哥白尼本人则在《天球运行论》（*De Revolutionibus*）一书的序言中写道，他所继承的天文学传统最后只造就了一个怪物。到了 16 世纪初，越来越多一流的欧洲天文学家认识到，托勒密的天文学范式没能成功地应用于它自身的传统问题。这种认识是哥白尼拒斥托勒密范式、寻找新范式的先决条件。他那篇著名序言仍然是对危机状态的经典描述。[6]

当然，技术性的常规解谜题活动的失败并不是哥白尼所面临的天文学危机的唯一要素。更详细的讨论还会涉及呼吁历法改革的社会压力，在这种压力下，解岁差谜题变得尤为紧迫。

---

[5] J. L. E. Dreyer, *A History of Astronomy from Thales to Kepler* (2d ed.; New York, 1953), chaps. xi-xii.

[6] T. S. Kuhn, *The Copernican Revolution* (Cambridge, Mass., 1957), pp. 135-143.

此外，更完整的论述还要考虑中世纪对亚里士多德的批判、文艺复兴时期新柏拉图主义的兴起以及其他重要的历史因素。但技术上的失败依然是危机的核心。在一门成熟科学中——天文学在古代已成为成熟科学——上述那些外在因素的主要意义在
70 于决定失败的时机、认识到失败的难易，以及因特别受到关注而最先发生失败的领域。这类议题虽然极其重要，但已超出本书的范围，在此不论。

如果在哥白尼革命的案例中这些东西已经很清楚了，那么让我们转到另一个颇为不同的案例，即拉瓦锡的燃烧氧化理论出现之前的危机。18 世纪 70 年代，许多因素结合起来导致了一场化学危机，对于这些因素的本质或相对重要性，历史学家看法不一。但大家公认其中有两个因素最为重要：气体化学的兴起和重量关系问题。气体化学的历史始于 17 世纪，那时空气泵发展起来，并且应用于化学实验中。在 18 世纪，通过使用这种泵和其他一些气体装置，化学家们越来越认识到，空气必定是化学反应中的一种活跃成分。但除少数人以外——这些人的想法是如此模糊不清，以至于根本算不上是例外——化学家们继续认为气体只有空气一种。在 1756 年约瑟夫 · 布莱克（Joseph Black）表明固定空气（CO_2）有别于正常空气之前，这两种气体被认为只在纯度上有所差别。[7]

---

[7] J. R. Partington, *A Short History of Chemistry* (2d ed.; London, 1951), pp. 48-51, 73-85, 90-120.

气体研究在布莱克之后迅速发展。卡文迪许、普里斯特利和舍勒的贡献尤为突出，他们共同发展出一些新技术，能够区分不同的气体样品。从布莱克到舍勒，所有这些人都信奉燃素理论，常常用它来设计和解释实验。实际上，通过把燃素从热中去除的一系列精巧实验，舍勒最先制得了氧气。但他们实验的最终结果是得到了各种非常复杂的气体样品和气体性质，以至于实验结果越来越难用燃素理论来解释。这些化学家虽然都不认为燃素理论应当被取代，但已不能前后一贯地使用它。到 71
了 18 世纪 70 年代初拉瓦锡开始做空气实验，几乎有多少位气体化学家，就有多少种燃素理论版本。[8] 一个理论的版本激增正是危机的惯常征兆。哥白尼在其序言中也曾抱怨过这种情况。

燃素理论越来越模糊不清，对气体化学的用处也越来越少，但这并非拉瓦锡所面临危机的唯一来源。他还希望解释为什么大多数物体在燃烧或焙烧时会增重，这又是一个有漫长历史的老问题。至少有几位伊斯兰化学家已经知道，有些金属在焙烧时会增加重量。17 世纪的一些研究者由这一事实得出结论说，焙烧后的金属从大气中得到了某种成分。但在 17 世纪，这个结论在大多数化学家看来似乎并不是必然的。如果化学反应能够改变成分的体积、颜色和质地，那为什么不能也改变其重量呢？重量并不总被视为物质的量的量度。此外，焙烧引起的

---

[8] 参见 J. R. Partington and Douglas McKie's, "Historical Studies on the Phlogiston Theory", *Annals of Science*, II (1937), 361-404; III (1938), 1-58, 337-371, and IV (1939), 337-371。虽然他们主要关心稍晚的一个时期，但仍然包含许多相关的材料。

增重仍然是一种孤立的现象。大多数自然物（比如木头）在焙烧时都会减重，这正是后来燃素理论所预言的。

这些对增重问题的回答起初还令人满意，然而到了 18 世纪却变得越来越难以为继。部分是因为天平越来越被用作标准的化学工具，部分是因为随着气体化学的发展，反应的气体产物有可能保留下来，化学家们发现了越来越多焙烧增重的事例。与此同时，在牛顿引力理论的逐渐影响下，化学家们坚持认为，重量的增加必然意味着物质的量的增加。这些结论不会
72 导致燃素理论被抛弃，因为可以用许多方式来调整燃素理论，比如认为燃素有负重量，或者认为燃素离开焙烧物时，有火微粒或其他某种东西进入了焙烧物，此外还有其他各种解释。不过，虽然增重问题没有导致燃素理论被抛弃，但它的确导致对这个问题的专题研究大大增加。其中一篇论文《论燃素作为一种有重量的物质，并从它造成的结合物的重量变化来分析》于 1772 年初在法兰西科学院宣读，这年年底，拉瓦锡向科学院秘书递交了他那著名的密封笔记。在写这份笔记之前，多年来他只是模糊意识到的问题已经成了一个突出的未解谜题。[9] 人们设计出许多不同版本的燃素理论来解决这个谜题。和气体化学中的问题一样，增重问题也使人越来越难理解燃素理论究竟是什么。虽然仍被视为一种研究工具，但 18 世纪化学的这个范式

[9] H. Guerlac, *Lavoisier—the Crucial Year* (Ithaca, N.Y., 1961). 全书记载了一个危机的演化和对它的首次承认。对拉瓦锡处境的清晰陈述，参见 p. 35。

渐渐失去了其独特地位。它所指导的研究越来越像前范式时期各个竞争学派所做的研究，这正是危机的另一种典型结果。

现在我们来考虑第三个也是最后一个例子：19 世纪末的物理学危机为相对论的出现铺平了道路。这场危机的一个根源可以追溯到 17 世纪末，那时一些自然哲学家（特别是莱布尼茨）批评牛顿为经典的绝对空间观确立了一个最新版本。[10] 他们几乎能够（但并未成功）表明，绝对位置和绝对运动在牛顿体系中根本没有起任何作用；他们的确成功地暗示，一种完全相对主义的空间与运动的观念后来会在审美上显示出极大的吸引力。但他们的批评是纯逻辑的。就像早期的哥白尼主义者批评 73
亚里士多德关于地球静止不动的证明一样，他们做梦也没有想到，过渡到一个相对主义体系竟然会有观测结果。他们从未把自己的观点与牛顿理论应用于自然时所产生的任何问题联系起来。结果在 18 世纪初，随着他们的离世，其观点也一同逝去，直到 19 世纪末才又复活，此时这些观点与物理学实践的关系已经大为不同。

大约在 1815 年以后，随着光的波动说被接受，与空间的相对主义哲学最终相关的技术问题开始进入常规科学，不过在 19 世纪 90 年代以前，它们尚未引发危机。如果光是一种在受牛顿定律支配的机械以太中传播的波动，那么天界观测和地界实验

[10]　Max Jammer, *Concepts of Space: The History of Theories of Space in Physics* (Cambridge, Mass., 1954), pp. 114-124.

都有探测到以太漂移的潜在可能性。在天界观测中，只有对光行差的观测才能足够精确地提供有关信息，因此通过光行差测量来探测以太漂移就成了常规研究的一个公认问题。为了解决这个问题，人们制造了许多专门仪器。但这些仪器并没有观测到漂移，因此这个问题就从实验家和观测家转交给了理论家。在19世纪中叶，菲涅尔、斯托克斯（Stokes）等人都对以太理论作了大量阐述，以解释为何观测不到以太漂移。这些阐述全都假定运动物体拖着一部分以太随之运动。每一种阐述都足以成功地解释天界观测和地界实验的否定结果，包括著名的迈克尔孙（Michelson）和莫雷（Morley）实验。[11] 除了各种阐述之间的冲突以外，尚不存在其他冲突。在缺乏相关实验技巧的情况下，各种阐述之间的冲突并不显得尖锐。

直到19世纪的最后20年，随着麦克斯韦的电磁理论被
74 逐渐接受，情况才发生改变。麦克斯韦本人是个牛顿主义者，
他认为光和一般的电磁波都源于一种机械以太微粒的变化的位移。其电磁理论的最初版本直接使用了他赋予这种介质的假设性质。虽然最终的版本放弃了这些性质，但他仍然相信自己的电磁理论可以与牛顿机械观的某种阐述相容。[12] 对于他及其后

[11] Joseph Larmor, *Aether and Matter ... Including a Discussion of the Influence of the Earth's Motion on Optical Phenomena* (Cambridge, 1900), pp. 6-20, 320-322.

[12] R. T. Glazebrook, *James Clerk Maxwell and Modern Physics* (London, 1896), chap. ix. 关于麦克斯韦最后的态度，参见他自己的书 *A Treatise on Electricity and Magnetism* (3d ed.; Oxford, 1892), p. 470。

继者而言，提出合适的阐述是一种挑战。然而实际上，就像在科学发展中一再发生的那样，所需的阐述是极难提出的。正如哥白尼的天文学方案（尽管哥白尼本人很乐观）使当时的运动理论陷入了越来越大的危机，麦克斯韦的理论尽管源于牛顿理论，最终却使牛顿范式陷入了一场危机。[13] 这场危机的焦点就是我们刚才讨论的相对于以太的运动问题。

麦克斯韦在讨论运动物体的电磁行为时并没有谈到以太拖曳，事实证明，很难把以太拖曳引入他的理论。结果，旨在探测以太漂移的一系列早期观测就成了反常现象。因此在 1890 年之后有许多实验和理论上的尝试，要去探测相对于以太的运动，并把以太拖曳纳入麦克斯韦的理论。前者均未成功，尽管有些分析家认为其结果并不明确。后者起初产生了一些大有希望的迹象，特别是洛伦兹（Lorentz）和菲茨杰拉德（Fitzgerald）的工作，但它们又揭示出其他谜题，最终导致竞争理论激增，而这正是我们前面说过的危机的伴生物。[14] 正是在这样的历史 75
背景下，1905 年出现了爱因斯坦的狭义相对论。

这三个案例都非常典型。在每一个案例中，新理论都在常规的解题活动宣告失败之后才出现。此外，除了哥白尼这一案例是科学以外的因素起了特别大的作用，理论的失败和激增作为危机的标志，在新理论得到阐述之前一二十年就出现了。新

[13] 关于天文学在力学发展中的角色，参见 Kuhn, *op. cit.*, chap. vii。

[14] Whittaker, *op. cit.*, I, 386-410, and II (London, 1953), 27-40.

理论似乎是对危机的直接回应。还有一点值得注意（尽管可能不是非常典型），那就是导致理论失败的问题都是早已知道的问题。之前的常规科学实践有充分的理由认为，它们已经得到解决或者几乎已经得到解决，这有助于解释为什么一旦失败来袭，失败感会如此强烈。未能解决新问题往往令人失望，但决不令人惊讶。毕竟问题或谜题很少能够一下子解决。最后，这些案例还有一个共同特征使危机的角色更加突出：在相应的科学还未出现危机时，每一个问题的解决方案都至少部分被人预见过；而在没有危机的情况下，那些预见被忽视了。

唯一完整的也是最有名的预见就是公元前 3 世纪阿里斯塔克（Aristarchus）预见到了哥白尼的日心说。常有人说，倘若希腊科学不那么重演绎，也不那么受教条束缚，日心天文学的发展也许会提早 1800 年。[15] 但这种说法忽视了整个历史语境。阿里斯塔克提出自己的学说时，地心体系要合理得多，没有什么需求是非得日心体系来满足不可的。托勒密天文学的整个发展，无论它的成功还是失败，都发生在阿里斯塔克提出自己学
76 说之后的几个世纪。此外，也没有明显的理由去认真对待阿里斯塔克。甚至连哥白尼更加精致的提议也并不比托勒密体系更简单或更准确。接下来我们会更清楚地看到，既有的观测检验

[15] 关于阿里斯塔克的工作，参见 T. L. Heath, *Aristarchus of Samos: The Ancient Copernicus* (Oxford, 1913) , Part II。关于忽视阿里斯塔克成就的传统立场，一个极端的陈述参见 Arthur Koestler, *The Sleepwalkers: A History of Man's Changing Vision of the Universe* (London, 1959), p. 50。

并不能在它们之间作出选择。在这种情况下，促使天文学家选择哥白尼（以及不接受阿里斯塔克）的一个因素是最初导致创新的公认危机。托勒密天文学已经无法解决它的问题了，时间给竞争者提供了机会。我们另外两个案例没有提供同样完整的预见。但是显然，17 世纪由雷伊（Rey）、胡克（Hooke）和梅奥（Mayow）等人提出的燃烧理论（燃烧时会消耗大气的成分）之所以未能得到足够重视，原因之一在于，这些理论与常规科学中公认的难题没有关联。[16] 18、19 世纪的科学家之所以长期忽视对牛顿理论作相对主义批判的人，必然主要基于类似的理由。

科学哲学家已经一再表明，对于给定的一组资料，总可以构建一种以上的理论进行解释。科学史表明，特别是在新范式的早期发展阶段，发明这样的替代性理论并不很难，但这恰恰是科学家们很少去做的，除非是在其科学发展的前范式阶段，或者在它后来的演变过程中非常特殊的场合。只要范式提供的工具仍然能够解决它所规定的问题，通过信心十足地运用这些工具，科学就能得到迅速而深入的发展。理由很清楚。科学和制造业一样，更换工具是一种奢侈，只有迫不得已才会这么做。危机的意义就在于指出更换工具的时机已经到了。

[16] Partington, *op. cit.*, pp. 78-85.

第八章　对危机的反应

77 既然危机是新理论出现的必要条件，那么对于危机的存在，科学家有何反应呢？只要注意科学家即使面临长期无法解决的严重反常也不肯去做的事情，就能发现部分显而易见而又重要的答案。虽然他们可能会开始丧失信心，然后考虑别的方案，但他们不会自愿放弃导致其陷入危机的范式。也就是说，他们不会把反常当作反例，尽管在科学哲学的词汇中，反常就是反例。在部分程度上，这种概括仅仅是对历史事实的陈述，前面已经给出过一些例证，接下来还会举出更多例子。这些都暗示，某种科学理论一旦取得范式地位，要想宣布它无效，就必须有另一个合适的候选者来取代它。稍后我们考察对范式的拒斥时，会更清楚地看到这一点。历史研究表明，科学发展的过程根本不符合通过直接与自然相比较而否证的方法论模式。这并不是说科学家不会拒斥科学理论，也不是说经验和实验对于他们拒斥科学理论是不重要的。但它的确意味着（这终将成
78 为一个核心论点），科学家拒斥一个之前认可的理论，其判断依据并不仅仅来自该理论与世界的比较。决定拒斥一个范式的同时，总是决定接受另一个范式。导致这一决定的判断不仅涉及

范式与自然的比较，而且涉及范式之间的比较。

此外，之所以怀疑科学家因为面临反常或反例就会拒斥范式，还有第二个理由。在阐述这个理由时，我的论证将会预示本书的另一主要论题。上述怀疑的理由是纯粹事实性的，也就是说，这些理由本身就是一种流行认识论的反例。如果我目前的论点是正确的，那么这些理由能够促成一场危机，或者更准确地说，加剧一场久已存在的危机。它们本身并不能证明也不会证明那种哲学理论是错误的，因为其捍卫者会做出科学家在面临反常时所做的事情。他们会对其理论作出大量阐述和特设性的修改，以消除任何明显的冲突。事实上，许多相关的修改和限定早已见诸文献。因此，如果这些认识论反例会引发严重的刺激，那是因为它们促成了一种新的不同的科学分析，在这种分析中，这些反例不再会带来麻烦。此外，如果我们稍后讨论科学革命时会看到的一种典型模式也适用于此，那么这些反常将不再仅仅是事实而已。从一种新的科学知识理论来看，这些反常倒很像重言式，很难想象它们陈述的情况还能是别的样子。

例如，常有人说，牛顿第二运动定律虽然历经数个世纪的认真观察和理论研究才得以问世，但对于牛顿理论的信奉者来说却像是一个纯逻辑的陈述，绝非任何观察所能推翻。[1] 在
第十章我们会看到，在道尔顿之前，化学定比定律仅仅是一种 79

[1]　特别参见 N. R. Hanson, *Patterns of Discovery* (Cambridge, 1958)，pp. 99-105 中的讨论。

偶然的实验发现，其普遍性很值得怀疑，然而在道尔顿的工作之后，却成为化合物定义的一部分，绝非任何实验工作所能推翻。这很像科学家在面对反常或反例时并不拒斥范式。科学家不能一面拒斥范式，一面仍然是科学家。

虽然不大可能在历史上留下名字，但一些人无疑是因为不能忍受危机而放弃了科学。和艺术家一样，富于创造的科学家有时必须能够活在一个混乱的世界里——我曾在别处把这种必要性称为科学研究中蕴含的“必要的张力”。[2] 但我认为，反例本身若能导致拒斥范式，唯一的可能就是拒斥科学而改行。一旦找到了据以看待自然的第一个范式，所有研究都会在有范式存在的情况下进行。拒斥一个范式而不同时接受另一个范式，等于拒斥科学本身。这种行为反映的是人而不是范式。其同行必然会把他看成“只会责怪工具的木匠”。

同一论点反过来说至少也同样有效：根本不存在无反例的研究这回事。究竟是什么东西把常规科学与处于危机状态的科学区分开来呢？答案肯定不是常规科学没有碰到反例。恰恰相反，我们曾说常规科学就在于解谜题，而谜题之所以存在，仅仅是因为能为科学研究提供基础的任何范式都无法彻底解决它

---

[2] T. S. Kuhn, “The Essential Tension: Tradition and Innovation in Scientific Research”, in *The Third (1959) University of Utah Research Conference on the Identification of Creative Scientific Talent*, ed. Calvin W. Taylor (Salt Lake City, 1959), pp. 162-177. 关于艺术家当中的相似现象，参见 Frank Barron, “The Psychology of Imagination”, *Scientific American*, CXCIX (September, 1958), 151-166, esp. 160。

的所有问题。极少数似乎能够做到这一点的范式（例如几何光
学），很快就因为不再能给出研究问题而变成实用工具了。除了
那些完全起辅助作用的问题，每一个被常规科学视为谜题的问 80
题，从另一种角度看，都可被看作反例，从而成为危机之源。托
勒密的大多数继承者认为在观测与理论符合过程中出现的谜题，
会被哥白尼视为反例。普里斯特利认为在阐述燃素理论过程中出
现的已经成功解决的谜题，会被拉瓦锡视为反例。洛伦兹、菲茨
杰拉德等人认为在阐述牛顿理论和麦克斯韦理论过程中出现的谜
题，会被爱因斯坦视为反例。此外，危机的存在本身并不能把谜
题变成反例。谜题与反例之间并不存在截然的界线。反倒是，随
着范式版本的激增，危机放松了常规的解谜题规则，最终使新的
范式得以出现。因此我认为只有两种可能：要么任何科学理论都
不曾面临反例，要么所有科学理论始终面临反例。

情况还能是别的样子吗？要想回答这个问题，必须对哲学作出批判性的历史阐述，这里姑且不论。但我们至少可以注意到两个理由，以解释为什么科学似乎特别恰当地说明了以下概括：一个陈述的真或假完全由事实来决定。常规科学必须不断地力求使理论和事实更加符合，而这样的活动很容易被看成在检验理论或寻求证实或否证。其实不然，它的目标是解谜题，而必须假定范式是有效的，谜题才可能存在。解不开谜题只能怪科学家，而不能怪理论。俗话说："糟糕的木匠才会责怪工具。"这句话用在这里真是再贴切不过了。此外，科学教学把对理论的讨论和它的应用范例结合在一起，也有助于强化一种确证理

论（这种理论主要是从别处得到的）。读科学教科书的人很容易把应用视为理论的证据，视为应当相信该理论的理由。但学科学的学生接受理论乃是基于教师和教科书的权威，而不是因为
81 证据。他们还有什么选择，或者还能有什么选择呢？教科书中之所以会给出那些应用，不是为了充当证据，而是因为学习这些应用乃是学习作为研究基础的范式的一部分。如果应用是为了充当证据，那么如果教科书没有提供其他诠释，或者没有讨论科学家未能用范式解决的问题，其作者就会被认定有极端的偏见。这种指责当然是毫无道理的。

让我们回到最初的问题。在试图使理论与自然相符的过程中，科学家如果意识到反常，会作何反应呢？以上所述表明，即使这种不符比其他应用中的不符大得多，也未必会导致深刻的反应。总有某些不符存在，即使最难化解的不符也会在常规研究中最终得到化解。科学家往往愿意等待，尤其是在该领域的其他部分还有很多问题时。例如，我们已经指出，在牛顿最初计算月球近地点运动之后的60年里，预测值只有观测值的一半。正当欧洲最出色的数学物理学家继续与这个众所周知的不符进行徒劳无功的角力时，不时有人建议修改牛顿的平方反比律。但没有人认真考虑过这些建议，事实证明，像这样对重大反常保持耐心是合理的。克莱奥（Clairaut）曾在1750年指出，是应用的数学错了，牛顿理论和以前一样有效。[3] 即使在几乎

[3] W. Whewell, *History of the Inductive Sciences* (rev. ed.; London, 1847), II, 220-221.

不可能出错的情况下（也许因为涉及的数学比较简单，或者这种数学大家都很熟悉，而且在别处很成功），持久而公认的反常也并不总会引发危机。没有人因为牛顿理论的预言与声速和水星运动之间长期公认的不符而对牛顿理论提出严重质疑。与音速的不符最终通过目的非常不同的热学实验而被出人意料地解决了；在水星运动不扮演任何角色的一场危机之后，与水星运
动的不符也随广义相对论而消失了。[4] 显然，当时人们并不认 82
为这两种不符有多么重要，因此并未产生与危机相伴随的那种惶恐不安。它们可以被看作反例，搁置一旁留待以后研究。

因此，如果一个反常会引发危机，那么在通常情况下，它必定不仅仅是反常而已。在使范式与自然相符的过程中总会存在困难，其中大多数困难迟早会得到解决，解决的过程常常无法预见。遇到任何反常都要寻根究底的科学家很少会作出有意义的工作。因此我们要问，是什么东西使一种反常似乎值得共同认真研究？对于这个问题，也许不存在一般答案。我们已经考察的案例各有特色，但几乎没有规定性。有时一个反常就能让我们质疑从范式中得到的清晰而基本的概括，就像以太拖曳问题之于麦克斯韦理论的接受者那样。又如在哥白尼革命中，一个没有明显意义的反常也可能引发危机，只要它所禁止的应用具有特殊的实际意义，比如制定历法和占星术。又如 18 世

---

[4] 关于声速，参见 T. S. Kuhn, “The Caloric Theory of Adiabatic Compression”, *Isis*, XLIV (1958), 136-137。关于水星近日点的进动，参见 E. T. Whittaker, *A History of the Theories of Aether and Electricity*, II (London, 1953), 151, 179。

纪的化学，常规科学的发展会把一个以前只算小麻烦的反常转变成危机的来源：气体化学技术有了进展之后，重量关系问题就有了一种非常不同的地位。也许还有其他情况能使一个反常变得特别紧迫，而且往往有好几种这样的情况结合在一起。例如，我们已经指出，哥白尼面对的危机的一个来源就是，虽然经历了漫长的时间，但天文学家依然没能成功地减少托勒密体系中残留的不符。

当一个反常因为诸如此类的理由而显得不只是常规科学的
83 又一个谜题时，朝着危机和非常规科学的转变就开始了。此时反常本身渐渐获得了业界人士更普遍的承认。该领域越来越多的杰出人物对它日益关注。如果它持续得不到解决（通常不会如此），那么许多杰出人物就会把解决这个反常当作这门学科的根本要务。在他们看来，这个领域已经不复以往。之所以有不同的样貌，部分源于新的科学研究焦点。一个更重要的变化来源是，由于大家都关注这个问题，所以得出的解答各不相同。起初在处理这个难题时，大家还颇能遵循范式规则。但若难题持续得不到解答，越来越多的处理就必然涉及对范式阐述作出或大或小的修改，这些阐述各不相同、各有所长，但都不足以被整个群体接受为范式。随着不同阐述的增多（它们将越来越多地被称为特设性调整），常规科学的规则也变得越来越模糊。虽然范式仍然存在，但很少有研究者能就其实质完全达成一致，甚至连以前已经解决的问题的标准解答也开始受到质疑。

当情况严重时，涉足其中的科学家有时也会认识到。哥白
尼抱怨说，在他那个时代，天文学家们“对于日月的运动非常
没有把握，甚至无法确定或计算出回归年的固定长度”。他继
续说道：“他们的做法就像这样一位画家：他从各个地方临摹
了手、脚、头和其他部位，尽管都可能画得相当好，但却不能
描绘出一个人，因为这些片段彼此完全不协调，把它们拼凑在
一起所组成的不是一个人，而是一个怪物。”[5] 爱因斯坦则用
不甚华丽的语言写道：“这就像把地面从一个人脚下抽走，哪里
都看不到坚实的地基可以建房子。”[6] 在海森伯为新量子论指 84
明道路的矩阵力学论文发表之前几个月，沃尔夫冈·泡利写信
给一位朋友说：“此刻物理学再次混乱不堪。无论如何，我觉
得它太难了，我倒希望自己是一个电影喜剧演员或别的什么角
色，对物理学闻所未闻。”如果对比泡利五个月后说的话，这段
证词尤其令人印象深刻：“海森伯的那种力学再次给了我的生
活以希望和快乐。它固然没有解决谜题，但我相信又可以向前
迈进了。”[7]

这种对范式失败的明确认识是极为罕见的。但危机的结果并不完全取决于对它的自觉认识。这些结果是什么呢？似乎只

[5] 引自 T. S. Kuhn, *The Copernican Revolution* (Cambridge, Mass., 1957), p. 138。

[6] Albert Einstein, “Autobiographical Note”, in *Albert Einstein: Philosopher-Scientist*, ed. P. A. Schilpp (Evanston, Ill., 1949), p. 45.

[7] Ralph Kronig, “The Turning Point”, in *Theoretical Physics in the Twentieth Century: A Memorial Volume to Wolfgang Pauli*, ed. M. Fierz and V. F. Weisskopf (New York, 1960), pp. 22, 25-26. 该文主要描述了 1925 年以前几年的量子力学危机。

有两个结果具有普遍性。所有危机都始于范式变得模糊，以及常规研究规则随之变得宽松。在这方面，危机时期的研究很像前范式时期的研究，只不过在前者那里，差异集中在界限更为清晰的较小范围内。所有危机都以三种方式之一结束：有时常规科学最终能够处理引发危机的问题，尽管曾认为该问题终结了现有范式的那些人会有些失望；有时即使采用全新的办法也解决不了这个问题，于是科学家断定，在目前的情况下得不到这个问题的解答，遂把问题标记出来搁置一旁，留待后人用更先进的工具来解决；最后，也是我们这里最关心的情况，危机可能随着新的候选范式的出现而结束，对于是否接受它会有激烈的辩论。这最后一种结束模式将在后面几章作详细讨论，但
85 这里需要预先作些说明，以结束我们关于危机状态的演化和结构的讨论。

从处于危机中的范式转变为新范式（从而产生一种新的常规科学传统）绝不是一个累积性过程，即不是一个可以通过对旧范式进行阐述或扩展来实现的过程。毋宁说，它是在新的基础上对该领域进行重建，这种重建改变了该领域某些最基本的理论概括，也改变了许多范式方法和应用。在转变时期，新旧范式所能解决的问题之间有很大交集，但并不完全重叠。在解题方式上也有一个决定性的差异。转变完成后，这门学科的视野、方法和目标都将改变。一位富于洞察的历史学家最近在考察科学因范式改变而重新定向的一个经典案例时，把它称为“倒转乾坤”，这个过程虽然需要“处理和以前一样的一堆材料，但

却通过赋予它们一个不同的框架而把它们置于一个新的关系体系之中”。[8] 注意到科学进展的这个方面的其他学者则强调，它与视觉格式塔的改变非常类似：纸上的记号初看起来像只鸟，现在看起来则像头羚羊，或者反之。[9] 这种类比可能有些误导。科学家决不会把某种东西**看成**别的东西，而就是**看到**了它。我们已经考察了普里斯特利把氧气看成“脱燃素空气”这种说法所引出的某些问题。此外，科学家不像格式塔实验对象那样，能在各种观看方式之间自由地来回转换。不过，格式塔转换是一个基本的原型，有助于我们理解范式完全转换时发生的事情，特别是因为如今大家对它已经耳熟能详。

上述预先说明有助于我们认识到，危机是新理论出现的恰当序幕，特别是因为我们在讨论发现的出现时已经考察过同一过程的小规模版本。新理论的出现打破了旧的科学实践传统， 86
引入了一种新的传统，服从不同的规则，在另一套话语体系中运作。因此，只有在大家都感到旧传统已经穷途末路时，这个过程才可能发生。然而，这些话只是我们研究危机状态的开场白，研究它所引出的问题恐怕更需要心理学家的能力，而不是历史学家的能力。非常规研究是怎样的呢？如何使反常合乎定律？如果觉察到某种基础性的东西在其训练无法处理的层次上出了问题，科学家会怎么做呢？这些问题需要做更多研究，而

[8] Herbert Butterfield, *The Origins of Modern Science, 1300-1800* (London, 1949), pp. 1-7.

[9] Hanson, *op. cit.*, chap. i.

且不应都是历史研究。与之前所说相比，以下讨论必然更具试验性，也更不完整。

一个新范式（至少是其雏形）往往在危机爆发或者被明确认识到之前就出现了。拉瓦锡的工作就是一个恰当的案例。他将密封笔记本交给法兰西科学院时，距离第一次彻底研究燃素理论中的重量关系还不满一年，之后普里斯特利的著作才揭示出气体化学中的严重危机。再如，在光学危机很早的发展阶段，托马斯·杨就发表了关于光的波动说的最早论述。要不是那场危机（绝不是杨促成的）在他发表论文后的十年内沦为一桩国际科学丑闻，几乎没有人会注意到它。在类似这样的案例中我们只能说，范式稍有失败、常规科学的规则稍微变得模糊，就足以使某个人以新的方式来看待这个领域。从最初感觉到问题，到认可一种可资利用的替代方案，其间发生的事情必定在很大程度上是无意识的。

然而在哥白尼、爱因斯坦和当代核理论等其他案例中，从最初意识到旧范式的失败，再到新范式的出现，有很长一段时间。这种情况发生时，历史学家至少可以捕捉到一些线索，表
87 明非常规科学是什么样子。面对一种公认基本的理论反常时，科学家往往首先要把它更精确地隔离出来，分析它的结构。虽然现在意识到常规科学的规则不可能完全正确，但科学家会更严格地遵守这些规则，看看它们能在多大程度上适用于出问题的领域。与此同时，他还会设法把失败放大，使之更加引人注目和更具有启发性，因为以前它在实验中显示的结果被认为

可以事先知晓。与后范式时期科学发展的任何其他部分相比，他在从事这种活动时，最像我们最熟知的那种科学家形象。首先，他就像一个四处寻找东西的人，做实验只是为了看看会发生什么，寻找一些性质不明的结果。同时，由于没有理论就无法设想任何实验，所以科学家在危机时期总是尝试提出一些思辨性的理论。这些理论如果成功，也许会指出通往新范式的道路；如果不成功，也能相对容易地放弃。

开普勒叙述的他对火星运动的长期研究，以及普里斯特利描述的他对各种新气体的激增所作的反应，都是因为觉察到反常而作的那种更随意研究的经典案例。[10] 但最佳案例也许是当代的场论研究和基本粒子研究。如果没有危机使人看到常规科学规则的适用范围，那么花费巨大的人力物力去探测中微子是否还值得呢？或者，如果这些规则不是在某个未知的地方被明显打破，像宇称不守恒这样激进的假说还会被提出或检验吗？就像过去十年间物理学中的许多其他研究那样，这些实验的部分目的在于寻找和界定一组仍然弥散的反常的源头。

这种非常规研究经常伴随着另一种非常规研究，虽然绝非 88
总是如此。我认为特别是在公认的危机时期，科学家常常诉诸哲学分析来解决其领域中的谜题。科学家通常不必是哲学家，

[10] 关于开普勒火星研究的论述，参见 J. L. E. Dreyer, *A History of Astronomy from Thales to Kepler* (2d ed.; New York, 1953), pp. 380-393。偶尔的不准确之处并不妨碍 Dreyer 的概述提供了这里所需的资料。关于普里斯特利，参见他本人的著作，尤其是 *Experiments and Observations on Different Kinds of Air* (London, 1774-1775)。

也不想当哲学家。的确，常规科学通常会与创造性的哲学保持一段距离，这也许不无道理。只要常规研究工作能以范式为模型来进行，就无须把规则和假定弄得很明确。在第五章我们已经指出，哲学分析所要寻找的整套规则甚至不必存在。但这并不是说，寻找假定（甚至是不存在的假定）不能有效地减弱传统对心灵的束缚以及为新传统提供基础。牛顿物理学在 17 世纪、相对论和量子力学在 20 世纪出现的时候，对同时代的研究传统所作的基本哲学分析不是已经完成就是正在进行，这绝非偶然。[11] 在这两个时期，所谓的思想实验对研究的进展起了至关重要的作用，也不是偶然的。正如我在别处表明的，在伽利略、爱因斯坦、玻尔等人的著作中极为重要的分析性的思想实验都经过了精心设计，以使旧范式暴露在现有知识之下，从而揭示出危机的根源，实验室中是达不到这种明晰性的。[12]

随着这些非常规程序被个别或共同地采用，另一件事可能会发生。通过把科学注意力集中在一个狭窄的问题领域，并且使科学家对实验反常有认识上的准备，危机常常会使新发现迅
89 速增加。我们已经指出，对危机的觉察使拉瓦锡的氧气研究不同于普里斯特利；觉察到反常的化学家们能在普里斯特利的工

[11] 关于 17 世纪力学与哲学的对应，参见 René Dugas, *La mécanique au XVIIe siècle* (Neuchatel, 1954)，特别是第 xi 章。关于 19 世纪的类似事件，参见同一作者较早的著作 *Histoire de la mécanique* (Neuchatel, 1950), pp. 419-443。

[12] T. S. Kuhn, "A Function for Thought Experiments", in *Mélanges Alexandre Koyré*, ed. R. Taton and I. B. Cohen (Hermann, Paris, 1963).

作中发现的新气体并非只有氧气。再如，新的光学发现恰恰在光的波动说出现之前和期间才迅速增加。有的发现，比如反射造成的偏振现象，乃是出于意外，但这些意外只有对问题领域作专注的研究才有可能（作出这个发现的马吕斯 [Malus] 刚开始角逐科学院关于双折射的论文奖，众所周知，双折射问题的研究状况不太令人满意）。其他发现，比如一个圆盘阴影中心处的光点，都是新假说的预言，这些预言的成功有助于把新假说变成后来的研究范式。另有一些结果，比如刻痕颜色和厚板颜色，虽然常被看到，以前也偶有论及，但和普里斯特利的氧气一样，都被当作众所周知的结果，以致阻碍了对其本质的认识。[13] 大约 1895 年以后也有类似的情况，有许多发现与量子力学同时出现。

非常规研究必定还有其他表现和结果，但在这方面我们还几乎不知道需要问什么问题。或许这里不需深究。以上所述应当足以表明，危机既打破了旧框架的束缚，又提供了根本的范式转换所需的新资料。有时候，非常规研究赋予反常的结构已经预示了新范式的形式。爱因斯坦曾说，在想出经典力学的替代者之前，他就已经能够看出黑体辐射、光电效应和比热这三种已知反常之间的关系了。[14] 更常见的情况是，事先根本无法 90

[13] 关于新的光学发现的一般情况，参见 V. Ronchi, *Histoire de la lumière* (Paris, 1956), chap. vii。关于对这些结果之一的较早解释，参见 J. Priestley, *The History and Present State of Discoveries Relating to Vision, Light and Colours* (London, 1772), pp. 498-520。

[14] Einstein, *loc. cit.*

有意识地看出这样的结构。新的范式或其雏形其实是一下子出现的，有时是在午夜，出现在一个深陷危机的人的心中。最后这个阶段的本质——一个人如何发明（或发现自己已经发明了）一种新方式来整理现有的资料——目前依然神秘莫测，也许永远无法理解。这里我们只提一点。发明新范式的人几乎总是要么很年轻，要么刚入行不久。[15]也许这一点不必明说，因为很显然，这些人出于之前的实践几乎不相信常规科学的传统规则，所以特别容易看出那些规则已经不再适用，并且设计出另一套规则来取代它们。

结果导致的朝向新范式的转变即是科学革命，现在我们终于可以直接探讨这个主题了。不过首先要注意一个似乎难以捉摸的方面，前面三章的材料已经为此作了准备。在第六章第一次引入反常概念之前，“革命”和“非常规科学”（extraordinary science）这两个术语似乎是等价的。更重要的是，这两个术语似乎都仅仅意指“非常规的科学”（non-normal science），这种循环性至少会让一些读者感到困惑。实际上并不需要这样做。我们很快就会发现，类似的循环性正是科学理论的典型特征。但无论讨厌与否，这种循环性都有其根据。本章与前面两章已

---

[15] 对于年轻人在基础科学研究中的作用的这种概括已是老生常谈。此外，只要翻阅一下对科学理论作出基本贡献的名录，就能证实那种印象。不过，这种概括亟需系统的研究。Harvey C. Lehman（*Age and Achievement*, Princeton, 1953）提供了许多有用的资料，但他的研究并未尝试挑选出那些涉及基本概念重组的贡献，也没有探究科学中出成果的年龄相对较晚是否与什么特殊环境相关。

经引入了判别常规科学活动是否失败的许多标准，这些标准与
失败之后是否发生革命完全无关。面对反常或危机，科学家会 91
对现有的范式采取一种不同的态度，其研究性质也会发生相应
改变。相互竞争的阐述迅速增加，愿意尝试任何东西，明确表
达不满，求助于哲学，就基础进行争论，所有这些都是从常规
研究转向非常规研究的征兆。常规科学这一概念更多取决于这
些征兆的存在，而不是取决于革命的存在。

第九章　科学革命的本质与必然性

92 现在我们终于可以讨论与本书标题直接相关的问题了。什么是科学革命？它们在科学发展中有何作用？这些问题的大部分答案在前几章已有预示。特别是，前面的讨论已经指出，这里所谓的科学革命是科学发展中那些非累积性的事件，其中旧范式被一个与之完全不相容的新范式完全取代或部分取代。但我们还可以作进一步讨论，下面这个问题便是其重点：为什么应把范式的改变称为革命？既然政治发展与科学发展有诸多本质差异，有什么相似之处使两者均可被称为革命呢？

这种相似之处有一个非常明显的方面。政治革命往往开始于政治共同体中一些人逐渐感到，现有的制度不再能有效地应对它们帮助造就的环境中的问题。同样，科学革命也往往开始于科学共同体中一个狭小的部门逐渐感到，现有的范式不再能
93 有效地用于它曾经引领的对自然某一方面的探究。无论在政治发展中还是在科学发展中，那种可以导致危机的失灵的感觉都是革命的先决条件。此外，不仅像哥白尼和拉瓦锡那样重大的范式改变有这种相似性，像发现氧气或 X 射线那样只涉及吸纳一种新现象的小得多的范式改变也是如此（尽管把后者也称

为革命有些牵强）。正如我们在第五章结尾所说，只有对于范式受到科学革命直接影响的那些人来说，科学革命才显得是革命性的。在局外人看来，科学革命就像20世纪初的巴尔干半岛革命一样，不过是发展过程中的正常部分而已。例如，天文学家可能认为，X射线只不过增加了一项知识而已，因为他们的范式不受这种新辐射存在的影响。但对于开尔文、克鲁克斯（Crookes）、伦琴等研究辐射理论或阴极射线管的人而言，X射线的发现必然会破坏旧范式，同时创造新范式。因此，只有在常规研究出了毛病之后，才会发现这种射线。

政治发展与科学发展在发生方面的这种相似性已经毋庸置疑。但还有一个方面的相似性更为深刻，而且决定了前一相似性的意义。政治革命旨在以政治制度本身所禁止的方式来改变这些制度。因此，革命的成功必然要部分废除一套制度而代之以另一套制度，在此期间，社会并不完全受制度支配。起初，仅仅是政治危机削弱了政治制度的功能，一如科学危机削弱了范式的功能。越来越多的人逐渐疏离政治生活，行为日益偏离常规。随着危机的深化，其中许多人会致力于某个具体的方案，在新的制度框架内重建社会。到那时，社会将分裂成相互竞争的阵营或党派，有的主张捍卫旧制度，有的寻求建立新制度。一旦这种极化出现，**政治解决方案便宣告失败**。因为对于应 94
在什么样的制度框架下实现和评价政治变革，各派意见并不一致，也因为他们不承认有超越制度的框架可以裁决不同的革命主张，所以发生革命冲突的各派最终只能千方百计游说民众，甚至不惜动用武力。虽然革命在政治制度的演化中起着关键作用，但这恰恰因为革命并不纯粹是政治事件或只与制度有关的事件。

本书接下来旨在表明，对范式改变所作的历史研究表明，科学演化具有非常类似的特征。和在相互竞争的政治制度之间作出选择一样，在相互竞争的范式之间作出选择，就是在互不相容的共同体生活方式之间作出选择。正因如此，范式的选择不能仅凭常规科学所特有的评价程序，因为这些程序在部分程度上依赖于某一特定范式，而处于争论中的正是这个范式。当人们就如何选择范式进行争论时，范式的作用必然是循环的。每一个群体都用它自己的范式去为这一范式辩护。

当然，由此导致的循环并不会使论证变得错误或无效。以某一范式为前提的人在为这种范式辩护时能够清楚地说明，科学研究对于采用这种新自然观的人来说会是什么样子。这种说明可能极具说服力、令人不得不信服。但无论说服力有多强，循环论证仅仅是说服别人的一种手段。对于拒绝步入这个循环的人来说，这种论证不可能具有逻辑上甚至概率上的说服力。参与范式争论的各方所共有的前提和价值观还没有广到能够达到这个效果。在范式选择中，就像在政治革命中一样，不存在比相关共同体的同意更高的标准。因此，为了发现科学革命是如何实现的，我们不仅要考察自然和逻辑的影响，还要考察在构成科学家共同体的特殊群体内部有效的说服辩论技巧。

95 为了发现为什么单凭逻辑和实验绝不可能解决范式选择问

题，我们先得简要考察一下传统范式的拥护者与其革命继承者之间有何差异。这是本章与下一章的主要目的。我们已经谈过这种差异的许多例子，毫无疑问，历史还能提供许多这样的例子。与它们的存在性相比，更有可能被怀疑，因此必须首先考虑的倒是，这些例子能否提供关于科学本质的关键信息。倘若承认抛弃范式是历史事实，那么除了人的轻信和惶惑，它还阐明了什么呢？是否有什么内在的理由可以说明，为什么吸纳一种新的现象或科学理论必须得抛弃旧范式呢？

首先要注意，如果真有这样的理由，则它们并非源于科学知识的逻辑结构。从原则上讲，新现象的出现并不一定会破坏先前的科学研究。虽然今天认为，在月球上发现生命会破坏现有的范式（这些范式所讲述的关于月球的事情，似乎与那里存在生命不相容），但在银河系的某个不为人知的地方发现生命就不会破坏现有的范式。同样，一个新理论并不一定与旧理论相冲突。它可能只讨论以前未知的现象，比如量子论讨论（但并非只讨论）20 世纪之前未知的亚原子现象。再如，新理论可能只是一种比已知理论层次更高的理论，它将一系列较低层次的理论联系在一起，而不对其作出实质性的改变。今天，能量守恒理论就把力学、化学、电学、光学和热学等联系在一起。可以设想，新旧理论之间还有其他相容的关系。所有这些都可由科学发展的历史进程加以例证。如果确实如此，那么科学发展就真正是累积性的。新的现象只不过揭示了自然的某个前所未
见的方面中的秩序而已。在科学的演化过程中，新知识取代的 96

是无知，而不是与之不相容的另一种知识。

当然，科学（或其他某种事业，也许不那么有效）可能是以完全累积性的方式发展的。许多人相信科学就是这样发展的，大多数人似乎仍然认为，若不是常被人的标新立异和特立独行所扭曲，至少科学发展的理想方式应是累积性的。这种信念基于一些重要的理由。在第十章我们会发现，累积性科学观与一种占主导地位的认识论密切相关，这种认识论认为，知识是心灵直接赋予原始感觉材料的一种结构。在第十一章，我们将会考察有效的科学教学技巧为这种编史方案提供的强大支持。然而，尽管这种理想形象看起来极为合理，现在已经有越来越多的理由让人怀疑，它是否可能是**科学**的形象。事实上，前范式时期过后，对所有新理论和几乎所有新现象进行吸纳必然要求摧毁旧范式，并且在相互竞争的科学思想学派之间引发冲突。事实证明，对于科学发展的规则来说，累积性地获得出乎预料的新奇事物几乎从未存在过，这种情况即使存在也是例外。任何认真对待历史事实的人都必然会怀疑，科学并未趋向于我们累积性的科学观所暗示的理想。或许科学是另一种事业。

如果历史事实已经能使我们产生以上怀疑，那么再看一下前面的讨论，就会发现累积性地获得新东西不仅事实上很罕见，原则上也不可能。常规研究的确是累积性的，它的成功在于科学家能够不断找到用现有的概念和仪器技巧就差不多能解决的问题。（因此，过分关注有用的问题，而不考虑它们与现有知识和技巧的关系，很容易阻碍科学发展。）然而，如果一个

人力图解决由现有知识和技巧来界定的问题，他绝不会四处摸 97
索。他知道自己想达成什么目标，并以此来设计仪器和指导思考。只有当他关于自然和仪器的预想出了差错之后，出乎预料的新东西或新发现才会出现。预示新发现的反常越大、越难以解决，由此产生的新发现往往就越重要。因此显然，暴露反常的范式与后来使这种反常合乎定律的范式之间必定存在冲突。第六章考察的通过破坏范式来发现的例子并非历史上的偶然事件。产生发现并无其他有效办法。

同一论点更清楚地适用于新理论的发明。原则上只有三类现象可以发展出新理论。第一类是已被现有范式很好地解释的那些现象，它们很少为理论建构提供动机或出发点。如果真的提供了，就像第七章结尾讨论的三个著名的预见那样，那么由此建立的理论很少被接受，因为自然提供不了辨别的依据。第二类现象的本质已被现有范式所指明，但其细节只有通过进一步阐述理论才能得到理解。科学家大多数时间都在研究这些现象，但这种研究旨在阐述现有的范式，而不是发明新的范式。只有当这种阐述的努力失败时，科学家才会遇到第三类现象，即公认的反常，其典型特征是无法被现有的范式所吸纳。只有这类现象才会产生新理论。在科学家的视野内，范式为除反常以外的所有现象都提供了一个由理论确定的位置。

但如果需要新理论来解决旧理论与自然的关系方面出现的反常，那么成功的新理论必须容许作出一些与旧理论不同的预
言。如果新旧理论在逻辑上相容，这种差别就不可能出现。在 98

吸纳反常的过程中，新理论势必取代旧理论。甚至是像能量守恒这样的理论，今天看起来似乎是一种逻辑上的上层结构，仅仅通过独立建立的理论与自然相联系，在历史上也是在破坏范式的情况下产生的。事实上，它源于一场危机，这场危机的一个关键要素在于，牛顿力学与热质说的一些新近表述的推论不能相容。只有在抛弃热质说之后，能量守恒才成为科学的一部分。[1] 而且需要再过些时间，它看起来才像一种与其前身不相冲突的、逻辑上更高的理论。很难想象，如果对自然的信念没有发生破坏性的改变，新的理论怎么可能产生。虽然逻辑上的蕴含仍然是新旧科学理论之间一种可以容许的关系，但从历史上看这是不可能的。

如果是一个世纪之前，我认为对革命必然性的论证就可以告一段落。但不幸的是，今天不能就此结束，因为如果接受当今最流行的对科学理论的本质和功能的诠释，则上述关于革命必然性的看法就不再能成立了。这种诠释与早期的逻辑实证主义密切相关，且未被其继承者断然抛弃。它对业已接受的理论的范围和意义作出了限制，使之不可能与后来对同一些现象作出预言的理论相冲突。这种狭隘的科学理论观最著名也最强有力的例证，源于当时对爱因斯坦力学与从牛顿《自然哲学的数学原理》中导出的旧力学方程之间关系的讨论。按照本书的观

[1] Silvanus P. Thompson, *Life of William Thomson Baron Kelvin of Largs* (London, 1910), I, 266-281.

点，这两种理论是根本不相容的，就像哥白尼天文学与托勒密天文学不相容一样。只有认识到牛顿的理论是错的，才能接受爱因斯坦的理论。时至今日，这仍然是少数人的观点[2]，因此 99
我必须考察一下最流行的反对意见。

这些反对意见的要点如下：相对论力学不能表明牛顿力学是错的，因为牛顿力学仍然被大多数工程师成功地应用着，许多物理学家也会在某些情况下使用它。此外，旧理论的这种适用性可以从在其他应用中取代它的新理论得到证明。爱因斯坦的理论可以表明，在满足少数限制性条件的所有应用中，牛顿方程的预言将会非常符合仪器测量的结果。例如，牛顿理论要想提供令人满意的近似解，相关物体的相对速度必须远小于光速。在诸如此类的条件下，牛顿理论似乎可以从爱因斯坦理论中导出，因此前者是后者的一个特例。

但反对意见继而指出，任何理论都不可能与它的一个特例相冲突。如果说爱因斯坦的科学让人以为牛顿力学错了，那仅仅是因为有些牛顿派学者太不谨慎地宣称，牛顿理论可以给出完全精确的结果，或者在极高的相对速度下仍然有效。由于找不到任何证据来支持这些看法，他们这样说时便违背了科学的标准。牛顿理论仍然是一种受有效证据支持的真正的科学理论。只有对该理论的过分要求——这些主张从来不是科学的固有部分——才会被爱因斯坦表明是错的。如果清除掉这些纯

[2]　例如参见 P. P. Wiener 在 *Philosophy of Science*, XXV (1958), 298 中的评论。

属人为的过分要求，则牛顿理论从未受到挑战，也不可能受到挑战。

这个论证只要稍加变动，就足以使许多杰出科学家使用过的任何理论免遭攻击。例如，饱受诟病的燃素理论就能解释100 大量物理化学现象。它能解释为什么物体会燃烧（因为富含燃素），也能解释为什么金属之间比其矿石之间有更多共同性质。金属都是由不同的元素土（elementary earths）与燃素结合而成的，金属所共有的燃素产生了共同性质。此外，燃素理论能够解释一些反应，比如碳和硫等物质燃烧会产生酸。它也能解释有限体积的空气中发生燃烧时，体积为什么会减小——因为燃烧所释放的燃素“破坏了”吸收燃素的空气的弹性，就像火“破坏了”钢弹簧的弹性一样。[3] 如果燃素理论家声称他们的理论只能解释这些现象，那么该理论永远也不会受到挑战。类似的论证适用于曾经成功解释某一类现象的任何理论。

但以这种方式拯救理论，其应用范围必须限制于那些现象，限制于实验证据已经提供的观测精度。[4] 再往前迈进一步（一旦迈出第一步就很难避免这一步），这样的限制就会禁止科学家对尚未观察到的任何现象作任何“科学的”谈论。只要科

[3] James B. Conant, *Overthrow of the Phlogiston Theory* (Cambridge, 1950), pp. 13-16, and J. R. Partington, *A Short History of Chemistry* (2d ed.; London, 1951), pp. 85-88. 关于燃素说的成就，最完整也最表示同情的论述是 H. Metzger, *Newton, Stahl, Boerhaave et la doctrine chimique* (Paris, 1930), Part II。

[4] 试比较用一种非常不同的分析所得到的结论，参见 R. B. Braithwaite, *Scientific Explanation* (Cambridge, 1953), pp. 50-87, esp. p. 76。

学家的研究进入的领域或寻求的精度是过去的理论实践没有提供先例的，现有的禁令就会禁止他在研究中依赖这个理论。这些禁令在逻辑上是无懈可击的。但接受它们就会导致研究工作无法进行，科学无法继续发展。

到目前为止，该论点其实也是个重言式。如果不信奉某
个范式，就不会有常规科学。不仅如此，那种信奉必须扩展到
没有先例的领域和精度，否则此范式就提供不了尚未解决的谜 101
题。此外，不仅常规科学依赖于对范式的信奉。倘若科学家只在有例可循时才会利用现有的理论，那就不可能存在惊奇、反常或危机。但惊奇、反常或危机正是指向非常规科学的路标。如果同意实证主义对理论的正当应用范围所作的限制，那么告诉科学共同体哪些问题会导致重大改变的机制就必然会停止运作。这种情况发生时，科学共同体将不可避免会回到其前范式状态：所有成员都在从事科学，但其总成果却根本不像科学。难怪要想实现重大的科学进展，就必须冒险信奉一个可能出错的范式。

更重要的是，实证主义者的这个论证中有一个颇具启发性的逻辑漏洞，此漏洞会使我们立刻重新回到革命性变化的本质。牛顿力学果真能从相对论力学中**推导出来**吗？这种推导会是什么样子呢？设想有一组陈述 E_1、E_2……E_n 共同组成了相对论的所有定律。这组陈述包含着一些变量和参数，表示空间位置、时间、静止质量等等。借助于逻辑和数学工具，可以从中导出可用观察来检验的另一组陈述。为了证明牛顿力学的确是

一个特例，我们必须给 E_1、E_2……E_n 补充一些诸如（v/c）^{2}<<1 这样的陈述，以限制参数和变量的范围。然后可以由这组扩充的陈述导出一组新的陈述 N_1、N_2……N_m，它在形式上与牛顿运动定律、万有引力定律等完全相同。只要补充一些限制条件，牛顿力学似乎就可以从爱因斯坦力学中推导出来。

然而，这种推导至少在这一点上是站不住脚的。虽然 N_1、N_2……N_m 是相对论力学定律的特例，但它们并非牛顿定律。至少，如果不以一种在爱因斯坦的工作之后才有可能的方式对这些定律进行重新诠释，它们就不是牛顿定律。在爱因斯坦理论
102 的陈述 E_1、E_2……E_n 中表示空间位置、时间、质量等的变量和参数，仍然出现在陈述 N_1、N_2……N_m 中，并且仍然表示爱因斯坦的空间、时间和质量等概念。但这些爱因斯坦概念的物理所指绝不等同于同名的牛顿概念的物理所指。（牛顿质量是守恒的，而爱因斯坦质量则可以转化为能量。只有在相对速度很低的情况下，这两者才能以同样的方式来度量，但即使在那时，也不能认为它们是相同的。）除非改变 N_1、N_2……N_m 中变量的定义，否则我们导出的陈述就不是牛顿定律。如果我们的确改变了这些定义，那么就不能恰当地说我们**推导出**了牛顿定律，至少在现在公认的“推导”意义上是如此。当然，我们的论证已经解释了为什么牛顿定律似乎仍然管用。例如，汽车司机完全有理由按照仿佛生活在一个牛顿宇宙中那样行事。我们也可以用同样的论证去证明，把地心天文学教给土地测量员是正当的。但该论证仍然没有达到它的目标，即尚未表明牛顿定律是

爱因斯坦理论的一个极限情况。因为过渡到极限时，发生改变的不仅仅是定律的形式。我们不得不同时改变它们适用的宇宙的基本结构要素。

必须改变业已确立的、大家所熟知的概念的含义，对于爱因斯坦理论的革命性影响至关重要。虽然较之从地心说到日心说、燃素理论到氧化说、微粒说到波动说的转变，由此导致的概念转换要更加复杂微妙，但对于之前已经确立的范式，它具有同样决定性的破坏作用。我们甚至可以把它看成科学中革命性重新定向的一个原型。正因为它并不涉及引入新的对象或概念，从牛顿力学到爱因斯坦力学的转变才特别清晰地表明，科学革命乃是科学家据以看世界的概念网络的置换。

以上讨论足以表明，在另一种哲学氛围下，什么东西会
被视作理所当然。至少对科学家而言，被抛弃的科学理论与其
后继者之间的大多数表面差异都是真实的。虽然过时的理论总
可以被视为与之对应的最新理论的特例，但为此必须对它进行 103
转换，而且这种转换只有利用后见之明、在更晚近理论的指导
下才能实现。此外，即使这种转换是用来诠释旧理论的正当工
具，运用它也只会产生一种极受限制的理论，以至于只能重述
已知的东西。那种重述因其简约而有用，但并不足以指导研究。

因此，现在让我们承认新旧范式之间的差异是必然的和不可调和的。那么，我们能否更清楚地说出这些差异有哪些类型呢？最明显的一类我们已经多次阐明了，那就是，新旧范式对于宇宙的成分及其行为，比如亚原子粒子的存在、光的物质

性、热或能量的守恒等问题有不同的看法。这些都是新旧范式的实质性差异，无须进一步说明。但范式之间不只有实质性差异，因为范式不仅指涉自然，而且指涉产生它们的科学。任何发展成熟的科学共同体在某一时间所接受的方法、问题域和解题标准都源于范式。因此，接受新范式常常需要重新定义相应的科学。有些老问题可能会交由另一门科学去处理，或者被称为完全“不科学”。随着新范式的出现，以前不存在或者被认为无足轻重的另一些问题，则可能成为重要科学成就的原型。随着问题的改变，将实际的科学解答与纯粹的形而上学思辨、文字游戏或数学游戏区分开来的标准也会改变。从科学革命中出现的常规科学传统与之前的传统不仅不相容，而且常常实际上不可公度。

牛顿的工作对 17 世纪常规科学研究传统的巨大影响，为范
104 式转换的这些更为复杂的结果提供了明显例子。在牛顿以前，17 世纪的“新科学”已经最终成功地抛弃了亚里士多德主义者和经院学者借助于物体本性所作的解释。说石头下落是因为它的“本性”把它推向了宇宙中心，已被看成一个纯粹重言式的文字游戏，而不再是公认的科学陈述。从此以后，整个感觉现象之流，包括颜色、味道甚至重量，都要用基本物质微粒的大小、形状、位置和运动来解释。将其他性质归于基本微粒是诉诸隐秘的东西，因此超出了科学的界限。莫里哀（Molière）嘲笑医生把一种催眠的潜能赋予鸦片，以此来解释鸦片的催眠作用，此时他准确地把握了这种新精神。在 17 世纪下半叶，许多

科学家更愿意说：鸦片微粒是圆形的，所以它们沿着神经运动时能够镇静神经。[5]

在17世纪以前，用隐秘性质来解释一直是富有成效的科学工作不可或缺的一部分。但事实证明，17世纪接受的机械–微粒解释对于许多学科都极为成功，并且使这些学科抛弃了那些曾经无法给出公认解答的问题，而代之以另一些问题。比如在力学中，牛顿的运动三定律与其说是新实验的结果，不如说是尝试用原初中性微粒的运动和相互作用来重新解释众所周知的现象的结果。考虑一个具体例子。由于中性微粒只有通过接触才能发生相互作用，所以机械–微粒自然观使科学家的注意力转向了一个全新的研究主题：碰撞引起的微粒运动的改变。笛卡尔提出了这个问题，并且提供了第一个推定的解答。惠更斯、雷恩（Wren）、沃利斯（Wallis）将它进一步推进，部分是通过做摆锤碰撞实验，但主要是通过把以前熟知的运动特征应用于
这个新问题。而牛顿则把他们的成果纳入了他的运动定律。第 105
三定律所说的“作用”与“反作用”相等，实际上是碰撞双方发生的动量变化。同样的动量变化为隐含在第二定律中的动力提供了定义。从这个案例以及17世纪的其他许多案例中，微粒范式既引出了一个新问题，也提供了这个问题的大部分解答。[6]

---

[5] 关于一般的微粒论，参见 Marie Boas, “The Establishment of the Mechanical Philosophy”, *Osiris*, X (1952), 412-541。关于粒子形状对味觉的影响，参见 ibid., p. 483。

[6] R. Dugas, *La mécanique au XVII*^{e} *siècle* (Neuchatel, 1954), pp. 177-185, 284-298, 345-356.

不过，虽然牛顿的大部分工作都是针对机械－微粒世界观所引出的问题，并且体现了源于这一世界观的标准，但他的工作所造就的范式却使正当的科学问题和科学标准发生了进一步带有破坏性的变化。引力被解释成每一对物质微粒之间的内在吸引，和经院学者所谓的“下落倾向”一样是一种隐秘性质。因此，对于把《自然哲学的数学原理》接受为范式的那些人来说，只要微粒论的标准仍然有效，为引力寻求机械论解释就是最具挑战性的问题之一。牛顿非常关注这个问题，他在 18 世纪的许多追随者也是如此。唯一的选择就是因为牛顿理论无法解释引力而抛弃它，也的确有不少人这样做了。但这两种观点最后都没有成功。既然不以《自然哲学的数学原理》为范式就无法从事科学，同时又无法使这部著作符合 17 世纪的微粒标准，科学家不得不逐渐承认引力的确是内在的。到了 18 世纪中叶，这种解释几乎已被普遍接受，结果是真正回到了（不同于退化）一种经院标准。内在的吸引和排斥，加上大小、形状、位置和运动，成为物质在物理上不可还原的原初性质。[7]

106 由此导致的物理学标准和问题域的改变再次引发了重大后果。例如到了 18 世纪 40 年代，电学家可以大谈电流的吸引“性质”，而不会招致一个世纪以前莫里哀对医生的那种嘲讽。如此一来，电学现象便日益显示出一种新秩序，与把电看成只能发

[7] I. B. Cohen, *Franklin and Newton: An Inquiry into Speculative Newtonian Experimental Science and Franklin's Work in Electricity as an Example Thereof* (Philadelphia, 1956), chaps. vi-vii.

生接触作用的机械流体的效应时显示出的秩序大不相同。特别是，当电的超距作用成为一个独立的研究主题时，我们现在所谓的感应起电现象就可以被视为它的一种效应。此前，人们曾把感应起电归因于电“气氛”（atmospheres）的直接作用，或者电学实验室中不可避免的漏电。对感应起电的新看法成为富兰克林对莱顿瓶进行分析，从而开创电学中新的牛顿范式的关键。寻求内在于物质的力变得正当之后，受其影响的并非只有力学和电学。18 世纪关于化学亲和力和置换次序的大量文献同样源于牛顿理论的这个超出机械论的方面。相信各种化学物质之间有不同吸引力的化学家设计出以前难以想象的实验，寻求各种新的反应。如果没有在这个过程中发展出来的资料和化学概念，就无法理解后来拉瓦锡特别是道尔顿的工作。[8] 判别正当问题、概念和解释的标准一旦发生变化，整个学科也会随之改变。在下一章我甚至要说，在某种意义上，整个世界都会随之改变。

新旧范式之间的这些非实质性差异的其他例证可以从任
何科学的任何发展时期找到。现在我们只举两个更为简要的例
子。在化学革命以前，一个公认的化学任务就是解释化学物质
的性质及其在化学反应中的变化。借助于少量基本“要素”（燃 107
素便是其中之一），化学家得以解释为什么某些物质是酸性的，

[8] 关于电学，参见 I. B. Cohen, *Franklin and Newton*: chaps. viii-ix。关于化学，参见 Metzger, *op. cit.*, Part I。

另一些物质是金属的、可燃的，等等。在这个方向上已经取得了一些进展。我们已经指出，燃素解释了为什么金属都如此相似，我们也可以用类似的论证来解释酸性物质。但拉瓦锡的变革最终废除了这些化学“要素”，从而使化学失去了某种实际的、潜在的解释力。为了弥补这种损失，就需要改变标准。在19世纪的大部分时间里，不能解释化合物的性质并非化学理论之过。[9]

再举一例，19世纪光的波动说的拥护者比如麦克斯韦等人都相信，光波必须经由一种物质性的以太来传播。对于与他同时代的许多最有才华的人来说，构想一种机械介质来支持这种波动是一个标准问题。然而，他自己的光的电磁理论根本无法解释一种能够支持光波的介质，而且还使这种解释比以前更难给出。起初，麦克斯韦的理论因为这些理由而遭到广泛拒斥。但和牛顿的理论一样，事实证明麦克斯韦的理论是不可或缺的，它获得范式地位之后，共同体对它的态度也随之改变。在20世纪初，麦克斯韦式的对存在一种机械以太的坚持越来越像空口的应酬话（以前断然不是这样），构想这种以太介质的种种尝试也被放弃。科学家不再认为，谈及电“位移”时不指明什么东西在位移是不科学的。结果又产生了一组新的问题和标准，最终与相对论的出现有很大关系。[10]

---

[9] E. Meyerson, *Identity and Reality* (New York, 1930), chap. x.

[10] E. T. Whittaker, *A History of the Theories of Aether and Electricity*, II (London, 1953), 28-30.

如果认为科学共同体对其正当问题和标准的构想的这些典型转变总是发生于从较低的方法论层次上升到较高层次，那它 108
们对于本书的论点就没什么意义了。因为那样一来，其结果就会像累积性的。难怪有些历史学家认为，科学史记录的是人对科学本质的看法日趋成熟和完善。[11] 然而，为科学问题和科学标准的累积性发展辩护，要比为理论的累积性发展辩护更难。虽然 18 世纪的科学家大都不再尝试解释引力，并因此成果丰硕，但解释引力并不是一个本质上不正当的问题；反驳内在的力既非本质上不科学，也不在某种贬义意义上是形而上学的。并没有什么外在的标准准许作出这种判断。实际发生的并非标准的降低或提升，而仅仅是采用新范式所要求的变化。此外，那种变化已经反转，并且可以再次反转。在 20 世纪，爱因斯坦成功地解释了引力吸引，这种解释使科学回到了一组准则和问题，在这个特定的方面，这组准则和问题倒更像牛顿先驱者的而不是其后继者的。再如，量子力学的发展已经使源于化学革命的方法论禁令发生反转。化学家现在可以非常成功地尝试解释在实验室中使用或制造的物质的颜色、聚合状态和其他性质。类似的反转甚至可以发生在电磁理论中。当代物理学中的空间不再是牛顿和麦克斯韦理论中使用的那种惰性而同质的基底，它的一些新性质与曾经归于以太的那些性质不无相似。也

[11] 试图强行使科学发展就范的一个最新的出色例子，参见 C. C. Gillispie, *The Edge of Objectivity: An Essay in the History of Scientific Ideas* (Princeton, 1960)。

许有朝一日我们会明白什么是电位移。

通过把重点从范式的认知功能转移到规范功能，上述例子
109 使我们更加理解了范式是如何塑造科学生活的。此前我们考察的主要是范式作为科学理论工具的作用，其功能是告诉科学家自然之中包含哪些东西、不包含哪些东西，以及这些东西是如何运作的。这些信息提供了一幅地图，其细节由成熟的科学研究来阐明。由于自然太过复杂和多样，无法随意探索，所以这幅地图对于科学的持续发展就像观察和实验一样重要。范式通过它所体现的理论而成为研究活动的组成部分。但范式在其他方面也是科学的组成部分，这正是要点所在。特别是，刚才的例子表明，范式不仅为科学家提供了一幅地图，还为他们提供了对于绘制地图至关重要的一些指导。学习范式时，科学家也学到了理论、方法和标准，它们通常密不可分地混合在一起。因此当范式改变时，判定问题和解答是否正当的标准通常也会发生重大改变。

这一看法使我们回到了本章开始时的论点，因为它第一次向我们清楚地指出，为什么在相互竞争的范式之间作出选择经常会引出无法通过常规科学的标准来解决的问题。如果两个科学学派无法就什么是问题和什么是解答达成一致，那么在争论各自范式的优劣时，他们不可避免要向对方详细解释。在这种经常产生的带有部分循环色彩的论证中，每一个范式都将被表明或多或少地满足它为自己制定的标准，并且未能满足对方制定的少数标准。范式争论之所以总在逻辑上各说各话、无法交

流，还有其他原因。例如，由于任何范式都无法解决它所界定
的全部问题，而且任何两个范式都不会留下完全相同的未解问
题，所以范式争论总是涉及这样一个问题：哪些问题更值得解
决？和相互竞争的标准这个议题一样，价值问题只有通过常规
科学之外的标准才能解决，而使范式争论最明显地具有革命性 110
的正是这种对外部标准的诉诸。然而，一些比标准和价值更基
本的东西也出了问题。迄今为止我仅仅指出，范式是科学的组
成部分。现在我希望表明在另一种意义上，范式也是自然的组
成部分。

第十章　革命作为世界观的改变

111 从现代编史学的角度来考察过去的研究记录，科学史家也许会不由得惊呼：范式一改变，世界本身也随之而改变。在新范式的引导下，科学家采用新的工具，打量新的地方。更重要的是，在革命时期，科学家用熟悉的工具打量以前注意过的地方时，会看到新的不同的东西。这就如同整个专业共同体突然被转移到另一颗行星上，在那里用一种不同的眼光去审视熟悉的物体，并将它们与不熟悉的物体联系在一起。当然，这种事情并未发生过，科学共同体并没有经历地理上的移居，实验室外的日常事务还会和以前一样继续。但范式的改变的确使科学家以不同的方式来看待他们研究的世界。就他们只通过所见所为来研究世界而言，我们可以说，科学家在革命之后面对的是一个不同的世界。

事实证明，大家所熟知的视觉格式塔转换很有启发性，可以作为基本原型来说明科学家世界的这些转变。革命之前科
112 学家世界里的鸭子，到革命之后就成了兔子。一个人先是从上面看到盒子的外部，后来却成了从下面看到它的内部。诸如此类的转变虽然通常是逐渐发生的，而且几乎总是不可逆，在科

学训练中却非常普遍。同样是看一幅等高线地图，学生看到的是纸上的线条，制图师看到的却是一幅地形图。同样是看一张云室照片，学生看到的是混乱而间断的线条，物理学家看到的却是他所熟知的亚核事件的记录。只有经过若干次这样的视觉转变，学生才会成为科学家世界里的居民，见科学家之所见，行科学家之所行。然而，学生所进入的这个世界并非由环境的本质和科学的本质一劳永逸地决定。毋宁说，它由环境和学生接受训练的那种常规科学传统联合决定。因此在革命时期，常规科学传统发生改变，此时科学家对其环境的知觉必须重新培养——在某些熟悉的情况下，他必须学习去看一种新的格式塔。此后，他所研究的世界似乎到处都与他以前居住的世界不可公度了。不同范式所指导的学派，其目的之所以总是不太一致，这是另一个原因。

当然，通常形式的格式塔实验只阐明知觉转变的本质。它们并没有告诉我们，范式或过去吸纳的经验在知觉过程中的作用是什么。但在这一点上已经有大量心理学文献，其中许多都源自汉诺威研究所的先驱性工作。实验受试者戴上装有反转透镜的眼镜之后，起初看到整个世界被倒置了。开始时，他的知觉器官仍然像以前训练的那样在没有眼镜的情况下运作，结果是完全失去方向，导致严重的个人危机。但随着实验者开始学习与他的新世界打交道，他的整个视野又跳转回来——通常要经过一段视觉完全混乱的居间时期。此后，物体又像戴上眼镜
之前那样被看到。吸纳一个之前反常的视野会影响并改变视野 113

本身。[1] 无论在隐喻意义上还是在字面意义上，习惯于反转透镜的人都经历了一次视觉的革命性转变。

第六章讨论的反常纸牌实验的受试者也经历了非常类似的转变。若不是延长亮牌时间使他们知道这个世界上还有反常的牌，他们就只会看到以前的经验使之有准备的那些牌。然而，一旦经验提供了必要的其他类别，他们就能在对于鉴别来说足够长的时间内一眼认出反常的牌。还有一些实验表明，受试者知觉到的实验对象的形状、颜色等，都因受试者之前的训练和经验而异。[2] 考察了包含这些例子的大量实验文献之后，我们不仅怀疑，某种类似于范式的东西甚至是知觉本身的前提。一个人看到的东西不仅依赖于他在看什么，而且依赖于他之前的视觉-概念经验教他去看什么。如果缺少这种训练，用威廉·詹姆士（William James）的话说，就只可能有“一片嗡嗡杂杂的混乱”（a bloomin’ buzzin’ confusion）。

近年来，有几位关心科学史的人已经发现，上述种种实验很有启发性。特别是汉森（N. R. Hanson）用格式塔实验详细阐

[1] 原始的实验参见 George M. Stratton, “Vision without Inversion of the Retinal Image”, *Psychological Review*, IV (1897), 341-360, 463-481。Harvey A. Carr, *An Introduction to Space Perception* (New York, 1935), pp. 18-57 提供了较新的考察。

[2] 例如，参见 Albert H. Hastorf, “The Influence of Suggestion on the Relationship between Stimulus Size and Perceived Distance”, *Journal of Psychology*, XXIX (1950), 195-217, and Jerome S. Bruner, Leo Postman, and John Rodrigues, “Expectations and the Perception of Color”, *American Journal of Psychology*, LXIV (1951), 216-227。

释了我这里关心的科学信念的同样一些结果。[3] 其他同事也曾多次指出，如果假定科学家有时也会经历上述那些知觉转换，科学史就会变得更容易理解和更具连贯性。然而就这个案例的本质而言，心理学实验虽有启发性，却仅止于此。它们的确显 114
示了对科学发展可能至关重要的知觉的特征，但并不能证明科学研究认真进行的受控观察也有那些特征。此外，这些实验的本质使之不可能直接得到证明。如果说历史范例能使这些心理学实验显得相关，我们必须首先注意历史可以提供哪些类型的证据。

格式塔实验的受试者知道他的知觉已经转变了，因为他手里拿着同样的书或纸张时，他可以使其知觉反复地来回转换。觉察到环境毫无改变以后，他逐渐把注意力从图（鸭子或兔子）转移到他正在看的纸上的线条。最后，他甚至学会了只看到线条而看不到任何图，这时他甚至可以说（此前他不能正当地这么说），他实际看到的是这些线条，只不过有时把它们**看成**一只鸭子，有时**看成**一只兔子。同样，反常纸牌实验的受试者知道（或者更准确地说是可以相信），他的知觉必定已经发生转换，因为一个外在的权威（实验的主持者）使他确信，无论他**看到**了什么，他都一直在**看**一张黑桃 5。在这两个例子以及所有类似的心理学实验中，实验的有效性都有赖于能以这种方式进行分析。除非有一种外在的标准可以证明视觉的转换，否则不可能

[3] N. R. Hanson, *Patterns of Discovery* (Cambridge, 1958), chap. i.

得出关于不同知觉可能性的结论。

然而，科学观察的情况正好相反。除了用眼睛看到的东西和用仪器观察到的东西，科学家没有任何其他依靠。如果有某个更高的权威可以表明他的视觉已经转换了，那个权威本身就会成为他的资料来源，他的视觉行为也将成为问题之源（就像实验受试者之于心理学家）。如果科学家的知觉能像格式塔实验
115 的受试者那样来回转换，那么也会产生同样的问题。光被认为“有时是波、有时是粒子”的那段时期是一个有某种东西出了差错的危机时期。直到波动力学发展起来，并且认识到光是一种不同于波和粒子的独立实体，这场危机才宣告结束。因此在科学中，如果知觉转换伴随着范式改变，我们也许不能指望科学家直接证实这些改变。改信哥白尼学说的人在注视月球时不会说：“我过去看到了一颗行星，而现在我看到了一颗卫星。”那种说法等于暗示，托勒密体系曾经在某种意义上是正确的。事实上，改信新天文学的人会说：“我曾经把月球当作（或把它看作）一颗行星，但我错了。”这种陈述在科学革命之后的确一再出现。如果它常常掩盖科学视觉的转换或导致同样结果的其他某种心理转变，我们就不能指望有关于那种转换的直接证据，而是必须寻找间接的行为上的证据，以表明接受新范式的科学家会以不同的方式去看东西。

现在，让我们回到历史资料，追问相信有这种转变的历史学家能在科学家的世界里发现什么样的转变。威廉·赫舍尔（William Herschel）爵士对天王星的发现可以作为第一个例子，

它与反常纸牌实验非常相似。从1690年到1781年，一些天文学家，包括欧洲最杰出的几位观测家，至少17次在我们现在认为天王星所在的位置看到一颗星星。1769年，其中一位优秀的观测家连续四夜看到这颗星星，却没注意到它的运动，否则就不会认为它是恒星。12年后，赫舍尔用他自制的改良望远镜第一次看到了同一对象，结果注意到它呈现明显的圆盘状，至少对于恒星来说，这是异乎寻常的。一定有什么地方出了问题，于是他暂不进行鉴别，等待进一步详查。这种详查显示了天王星在恒星之间的运动，因此赫舍尔宣布他看到了一颗新的彗星！直到几个月之后，将观测到的运动归于彗星轨道的所有努 116
力均以失败而告终，莱克塞尔（Lexell）才提出，它的轨道可能是行星轨道。[4] 这个建议被采纳后，专业天文学家的世界里就少了几颗星而多了一颗行星。近一个世纪以来，这个天体被反复观看，直到1781年以后，天文学家才以不同的方式看待它。因为就像一张反常的纸牌，它不再能够符合以前流行的范式所提供的知觉范畴（恒星或彗星）。

这种视觉转换使天文学家能够看到作为行星的天王星，但它影响的不只是对先前观测对象的知觉，其后果要更加深远。虽然证据并不明确，但赫舍尔导致的小规模范式改变也许有助于天文学家在1801年之后迅速发现了许多小行星。它们尺寸很小，并未显示出曾经引起赫舍尔警觉的那种反常放大，但在19

---

[4] Peter Doig, *A Concise History of Astronomy* (London, 1950), pp. 115-116.

世纪上半叶，准备发现更多行星的天文学家用标准仪器发现了20颗小行星。[5] 天文学史上还有范式引发科学知觉改变的其他许多例子，其中一些要更为明确。例如，在提出哥白尼新范式之后的半个世纪里，西方天文学家第一次在以前认为永恒不变的天界看到了变化，这难道是偶然吗？中国人的宇宙论信念并不排除天界变化，他们在更久远的时代已经记录了天界出现的许多新星。甚至不借助望远镜，中国人就已经在伽利略及其同时代人看到太阳黑子的几个世纪以前系统记录了黑子的出现。[6]
117 哥白尼之后西方天文学的天空中出现的天界变化并非只有太阳黑子和一颗新星。利用有时很简单的传统仪器，16世纪末的天文学家们一再发现，在以前只可能存在永恒不变的行星和恒星的空间中，竟然有一些彗星在任意游荡。[7] 天文学家用旧仪器观看旧对象，却轻而易举地看到了新事物，我们不由得要说，哥白尼之后，天文学家生活在一个不同的世界里。无论如何，他们的研究给人的印象似乎就是如此。

前面的例子都出自天文学，因为天界观测报告常常是以相对纯粹的观测术语写成的。只有在这样的报告中，我们才能期望发现，科学家的发现与心理学家的实验受试者的观察完全类

---

[5] Rudolph Wolf, *Geschichte der Astronomie* (Munich, 1877), pp. 513-515, 683-693. 尤其要注意，Wolf的论述使这些发现很难被解释成波德（Bode）定律的一个推论。

[6] Joseph Needham, *Science and Civilization in China*, III (Cambridge, 1959), 423-429, 434-436.

[7] T. S. Kuhn, *The Copernican Revolution* (Cambridge, Mass., 1957), pp. 206-209.

似。但我们不必坚持完全类似，放松标准可以得到更多东西。如果我们满足于动词“看”的日常用法，我们也许很快就会意识到，我们已经遇到了伴随着范式改变的科学知觉转换的其他许多例子。“知觉”和“看”的这种扩展用法当然需要明确的理由，但我们不妨先来说明它在实践中的应用。

再看一下前面举的电学史上的两个例子。在 17 世纪，电学研究被某种散发物（effluvium）理论所引导，电学家们一再看到，谷壳从吸引它们的带电体上弹开或落下。至少这就是 17 世纪的观察者自称看到的东西，我们没有理由怀疑他们对自己知觉的报告。在同样的仪器面前，现代观察者会看到静电排斥（而不是机械的或引力的反弹），但从历史上讲（除了一个普遍忽视的例外），直到豪克斯比的大型仪器极大地放大了静电排斥效应，静电排斥才被看到。然而，接触生电之后的排斥只是豪克斯比看到的许多新的排斥效应之一。通过他的研究，就好像 118
发生了一次格式塔转换，排斥突然成了生电的基本表现，需要解释的反倒是吸引了。[8]18 世纪初可以看到的电学现象要比 17 世纪的观察者看到的更为复杂和多样。再如，富兰克林的范式被吸纳之后，电学家眼中的莱顿瓶已经与之前看到的不同。此装置变成了一个电容器，器形和玻璃都不再重要，反倒是两个导电涂层——其中一个并不是原装置的一部分——凸显了出

[8] Duane Roller and Duane H. D. Roller, *The Development of the Concept of Electric Charge* (Cambridge, Mass., 1954), pp. 21-29.

来。文字讨论和图示都渐渐证实，两个金属片中间夹一个非导体，已经成为这类装置的原型。[9] 与此同时，其他电感效应也得到了重新描述，还有一些效应则第一次被注意到。

这种转换并非仅限于天文学和电学。我们已经指出，化学史中也有一些类似的视觉转换。我们说过，普里斯特利眼中的脱燃素空气，在拉瓦锡眼中却成了氧气，而其他人却什么也看不到。然而在学习看到氧气的过程中，拉瓦锡也必须改变他对其他许多熟悉事物的看法。例如，普里斯特利及其同时代人眼中的元素土，在拉瓦锡眼中却成了一种复合矿石，此外还有其他这样的改变。至少，氧气的发现使拉瓦锡以不同的方式去看自然。既然没有理由假定自然固定不变，按照思维经济原则，我们不得不说，发现氧气之后，拉瓦锡在一个不同的世界里工作。

稍后我将探讨是否可能避免这种奇怪的说法，但我们不妨再举一个应用这种说法的例子，它源自伽利略最著名的一部
119 分工作。自古以来，人们大都见过一个重物由一根绳索系着来回摆动，直到最后静止下来。亚里士多德主义者认为，重物由其本性从较高位置推向较低位置并趋于自然静止状态，在他们看来，摆动的物体仅仅在费力地下落。在绳索的约束下，只有经过一段曲折的运动和很长的时间，它才能在低点静止下来。而伽利略看到的摆动物体却是一个几乎能无限重复同样运动的

[9] 参见第七章的讨论。

摆。作了很多观察之后，伽利略还发现了摆的其他一些性质，并围绕它们建立了其新力学中许多最为重要和原创的部分。例如，他由摆的性质导出了充分而可靠的论据，以说明重量与下落速度无关，以及斜面的竖直高度与沿斜面下降的末速度之间的关系。[10] 他看所有这些现象的方式都与之前不同。

为什么会发生这种视觉转换呢？因为伽利略的个人天才吗？当然是的，但要注意，这里所说的天才并不表现为对摆动物体作出更为精确或客观的观察。就描述而言，亚里士多德主义者的知觉同样精确。当伽利略报告说摆的周期与摆的振幅（甚至是 90° 的振幅）无关时，他对摆的看法使他看到了比我们现在所能发现的更多的规律性。事实上，这里真正涉及的是他天才地利用了中世纪的一个范式转换所提供的知觉可能性。伽利略并没有被完全培养成一个亚里士多德主义者。恰恰相反，他所接受的训练是用冲力理论（impetus theory）来分析运动，这是中世纪晚期的一种范式，认为重物的连续运动源于重物的最初发动者注入其中的一种内在的力。14 世纪的经院学者让·布里丹（Jean Buridan）和尼古拉·奥雷姆（Nicole Oresme）对冲力理论作了最完美的表述，他们也是已知最早在摆动中看到了 120
与伽利略之所见类似的人。布里丹这样来描述弦的振动：起初弦被拨动时，冲力被注入；接着，弦克服其张力的阻碍产生位

[10] Galileo Galilei, *Dialogues concerning Two New Sciences*, trans. H. Crew and A. de Salvio (Evanston, Ill., 1946), pp. 80-81, 162-166.

移，冲力被消耗；然后，张力使弦往回走，注入的冲力不断增加，直至到达运动的中点；此后，同样是对抗弦的张力，冲力使弦沿反方向移动；就这样，弦的运动在一个对称的过程中无限持续下去。在 14 世纪稍晚的时候，奥雷姆在今天认为最早的对摆的讨论中对石头的摆动作了类似的简要分析。[11] 他的观点显然非常接近于伽利略对摆的最初看法。[12] 至少在奥雷姆这里（在伽利略那里几乎也是一样），在对运动的分析上，只有从最初的亚里士多德范式转变为经院学者的冲力范式，他的观点才是可能的。在经院学者的范式被发明之前，科学家看不到摆，而只能看到摆动的石头。摆是由范式引起的格式塔转换之类的东西所产生的。

但我们真的需要把伽利略与亚里士多德的区别，或者拉瓦锡与普里斯特利的区别称为一种视觉转换吗？这些人在**看**同样类型的事物时，真的**看到**了不同的东西吗？我们真的可以正当地说，他们在不同的世界里从事研究吗？这些问题不能再拖延了，因为显然有另一种常见得多的方式来描述上述所有历史范例。许多读者肯定想说，随范式而改变的仅仅是科学家对观察的诠释，而观察本身则由环境和知觉器官的本质一劳永逸地固定下来。根据这种观点，普里斯特利和拉瓦锡都看到了氧气，但以不同的方式诠释了自己的观察；亚里士多德和伽利略都看

---

[11] Galileo Galilei, *Dialogues concerning Two New Sciences*, pp. 91-94, 244.

[12] M. Clagett, The Science of Mechanics in the Middle Ages (Madison, Wis., 1959), pp. 537-538, 570.

到了摆，但对看到的东西作了不同的诠释。

我首先声明，关于科学家改变对基本事物的看法时发生了 121
什么，这种常见观点既非全错，也不仅仅是一个错误而已。毋宁说，它是一个从笛卡尔开始、和牛顿力学同时发展的哲学范式的重要组成部分。该范式对科学和哲学都有很大作用。利用这个范式，就像利用牛顿力学一样，对于增进我们的基本理解卓有成效，这种成就是用其他方式无法实现的。但也正如牛顿力学这个例子所表明的，即使过去取得的最惊人的成就也无法保证危机永远不会发生。今天在哲学、心理学、语言学甚至艺术史等领域的研究，都表明传统范式出了问题。我们这里最为关注的科学史研究也越来越表明该范式已经无法胜任。

这些促成危机的学科均未提出一个可行的方案来替代传统认识范式，但的确已经开始暗示出新范式的一些特性。例如，我清晰地意识到以下说法的困难：当亚里士多德和伽利略注视摆动的石头时，亚里士多德看到的是受约束的下落，而伽利略看到的则是摆。同样的困难以更基本的形式显示于本章开篇：虽然世界并未随着范式的改变而改变，但范式改变之后，科学家在一个不同的世界里工作。不过，我确信我们必须学会理解与此类似的陈述。科学革命期间发生的事情并不能完全归结为对个别的、稳定的资料进行重新诠释。首先，资料并不是完全稳定的。摆并非下落的石头，氧气也不是脱燃素空气。因此，正如我们稍后会看到的，科学家从种种对象那里收集来的资料本身就是不同的。更重要的是，个人或共同体把受约束的下落

变成摆，或者把脱燃素空气变成氧气的过程，并不像诠释过程。如果没有固定的资料供科学家诠释，怎么可能如此呢？支
122 持新范式的科学家与其说是诠释者，不如说像那个戴了反转透镜的人。他虽然面对着与过去相同的对象，也知道是如此，但仍然发现它们在很多细节上被彻底改变了。

说这些话并不是为了否认科学家会对观察和资料作出独特的诠释。恰恰相反，伽利略诠释了他对摆的观察，亚里士多德诠释了他对下落石头的观察，米森布鲁克（Musschenbroek）诠释了他对充电瓶的观察，富兰克林也诠释了他对电容器的观察。但每一种诠释都预设了一个范式。这些诠释都是常规科学的一部分，正如我们已经看到的，常规科学旨在完善、扩展和阐述一个业已存在的范式。第三章给出过许多以诠释为中心的例子。那些例子正是绝大多数研究的典型。在每一个例子中，科学家凭借公认的范式知道什么是资料，可以用哪些仪器来获得这些资料，以及对资料的诠释涉及哪些概念。对某个范式进行探究的核心就是对资料进行诠释。

但这种诠释事业——这正是前面倒数第二段的要点——只能阐述范式，而不能纠正它。常规科学绝不可能改正范式。正如我们所看到的，常规科学最终只能引向对反常的认识和导致危机。反常和危机不能通过深思熟虑和诠释来终止，而只能通过一种像格式塔转换那样较为突然的无结构事件来终止。此时科学家们常常会说“云翳顿开”，或“灵光一闪”将先前难解的谜题“一扫而空”，使他们能以一种新的方式来审视谜题的各个

部分，使之第一次可能有解。在其他情况下，相关的灵感则从睡梦中来。[13] “诠释”一词的任何日常含义都不符合催生新范式的这些直觉灵光。这种直觉虽然有赖于用旧范式获得的反常 123
和正常的经验，但却不像诠释那样与这些经验的特定部分有逻辑关联或藕断丝连。事实上，这种直觉收集了这些经验的大部分内容，将其转变成完全不同的一股经验，此后这股经验将与新范式（而不是旧范式）藕断丝连。

为了更好地了解新旧经验的这些差别，让我们暂时回到亚里士多德、伽利略和摆。其不同范式与共同环境之间的互动使他们各自得到了什么样的资料呢？看到受约束的下落，亚里士多德主义者会测量（或至少是讨论——亚里士多德主义者很少测量）石头的重量，它被提起的竖直高度，以及达到静止所需的时间。这些资料加上介质的阻力，就是亚里士多德的科学在讨论下落物体时所运用的概念范畴。[14] 由它们指导的常规研究不可能产生伽利略所发现的定律，而只会——经由另一条路径——导致一连串危机，从中产生伽利略关于石头摆动的观点。由于这些危机和其他一些思想变化，伽利略以非常不同的方式来看摆动的石头。阿基米德对浮体的研究使介质变得不重

---

[13] [Jacques] Hadamard, *Subconscient intuition, et logique dans la recherche scientifique (Conférence faite au Palais de la Découverte le 8 Décembre 1945* [Alençon, n.d.]), pp. 7-8. 一个更完整的论述（虽然仅限于数学创新）是同一作者的 *The Psychology of Invention in the Mathematical Field* (Princeton, 1949)。

[14] T. S. Kuhn, “A Function for Thought Experiments”, in *Mélanges Alexandre Koyré*, ed. R. Taton and I. B. Cohen (Hermann, Paris, 1963).

要，冲力理论使运动变得对称而持久，新柏拉图主义则使伽利略的注意力转向了圆周运动。[15] 因此，他只测量了摆的重量、半径、角位移和周期，只要对这些资料加以诠释，即可产生伽利略关于摆的定律。事实证明，到头来，诠释几乎是不必要的。有了伽利略的范式，摆之类的规律性几乎近在眼前。否则我们如何能够解释伽利略发现摆的周期与振幅完全无关呢？要
124 知道，这个发现是源自伽利略的常规科学必须根除的东西，我们今天也无法用文献证实它。对亚里士多德主义者来说不可能存在的规律性（事实上，自然从未精确例证过这些规律性），源于像伽利略那样看摆动石头的人的直接经验。

也许上述例子太过幻想，因为亚里士多德主义者根本没有讨论过摆动的石头。根据他们的范式，这是一个极为复杂的现象。但亚里士多德主义者的确讨论过石头自由下落这个更简单的情形，这里的视觉差异同样很明显。沉思一块下落的石头时，亚里士多德看到的是状态的改变，而不是一个过程。因此对他来说，运动的相关量度是走过的总距离和流逝的总时间，由这些参数产生的是我们今天所说的平均速度，而不是速度。[16] 类似地，由于石头受其本性的驱使而到达其最终的静止点，所以亚里士多德认为，在运动中的任一瞬间，相关的距

[15] A. Koyré, *Etudes Galiléennes* (Paris, 1939), I, 46-51, and "Galileo and Plato", *Journal of the History of Ideas*, IV (1943), 400-428.

[16] Kuhn, "A Function for Thought Experiments", in *Mélanges Alexandre Koyré*, ed. R. Taton and I. B. Cohen (Hermann, Paris, 1963).

离参数是**到**终点的距离，而不是**与**运动起点的距离。[17] 这些概念参数解释了其著名“运动定律”的大部分内容，并赋予它以意义。然而，部分是通过冲力范式，部分是通过所谓的“形式幅度”学说，经院学者的批评改变了这种看待运动的方式。由冲力推动的石头离起点越远，得到的冲力就越多；因此，与起点的距离而不是到终点的距离就成了相关的参数。此外，经院学者把亚里士多德的速度概念分为两种，伽利略之后不久就成了我们所谓的平均速度和瞬时速度。但透过包含这些概念的新范式来看，下落的石头就像摆一样，几乎一经审视就能找到支配它的定律。伽利略并非最早提出石头以匀加速运动下落的人。[18] 而且，他在做斜面实验之前就已经提出了关于这一主
题的定理并且得出了许多推论。这个定理属于天才才能发现的 125
新规律所组成的网络，而天才所属的世界则由自然和培养伽利略及其同时代人的范式共同决定。生活在那个世界的伽利略只要愿意，仍然可以解释为什么亚里士多德会看到他所看到的东西。但伽利略关于下落石头的直接经验内容并非亚里士多德式的。

当然，我们还不清楚是否需要如此关注“直接经验”，即范式强调的那些一经审视便呈现其规律的知觉特征。显然，那些特征必定会随着科学家对范式的信奉的改变而改变，但

[17] Koyré, *Etudes Galiléennes*, II, 7-11.

[18] Clagett, *op. cit.*, chaps. iv, vi, and ix.

远非我们通常所说的原始资料或赤裸裸的经验，即科学研究的所谓出发点。也许我们应该把直接经验当作易变的东西搁置一旁，而去讨论科学家在实验室进行的具体操作和测量。或许我们的分析应该从直接经验再进一步。例如，可以用某种中性的观察语言进行分析，这种语言旨在描述居间促成科学家之所见的视网膜印记。只有通过这些方式，我们才有望获得一个经验始终稳定的领域。在这个领域，摆和受约束的下落并非不同的知觉，而是对观察摆动的石头所提供的明确资料的不同诠释。

但感觉经验是固定和中性的吗？理论仅仅是对给定资料的人为诠释吗？主导西方哲学近三个世纪的认识论观点会立即明确地回答：是的！在没有一种成熟的替代性观点的情况下，我认为不可能完全放弃这一观点。但它已经不再能有效地发挥作用，而且在我看来，试图通过引入一种中性的观察语言进行挽救是没有希望的。

科学家在实验室从事的操作和测量并不是经验的“所予”，
126 而是“费力收集起来的东西”。它们并不是科学家看到的东西，至少在他的研究有很大进展且聚焦注意力之前不是，而是更基本的知觉内容的具体标志。操作和测量之所以能被选来作为常规研究认真分析的对象，仅仅是因为它们使业已接受的范式有机会得到卓有成效的详细阐述。与作为其源头的直接经验相比，操作和测量要更清楚地被范式所决定。科学并不处理所有可能的实验室操作，而只处理将范式与部分由范式决定的直接经验相对照所涉及的那些实验室操作。结果，拥有不同范式的科学家会从事不同的具体实验室操作。对摆所作的测量与对受约束的下落所作的测量不相干，阐明氧气的性质所需的操作与研究脱燃素空气的特性所需的实验也不相干。

至于一种纯粹的观察语言，也许最终会被设计出来。但今天距离笛卡尔已逾三个世纪，我们对这一可能事件的期望仍然完全依赖于一种关于知觉和心灵的理论，而这一理论几乎无法解释现代心理学实验正在迅速发现的众多现象。鸭－兔实验表明，具有相同视网膜印记的两个人可以看到不同的东西；反转透镜的实验则表明，具有不同视网膜印记的两个人可以看到相同的东西。心理学为同一效应提供了大量其他证据，对一种真实观察语言的历史的展示加强了由此产生的怀疑。目前为此目的而作的努力还远未实现一种可以普遍应用的关于纯知觉对象的语言。与此最接近的那些努力都有一个共同特征，该特征大大加强了本书的一些主要论点。从一开始它们就预设了一个范式，该范式要么来自现有的科学理论，要么来自日常语言的一部分，然后尝试从中去除所有非逻辑和非知觉的术语。在少数几个领域，这种努力进行得非常深入，而且不乏精彩的成果。
这种努力当然值得进行下去。但结果得到的语言（和科学中运 127
用的语言一样）包含着对自然的预期，一旦这些预期被违反，它就不再能起作用。纳尔逊·古德曼（Nelson Goodman）在描绘《现象的结构》(*Structure of Appearance*）一书的目标时所说的正是这一点：“好在需要讨论的是已知存在的现象；因为‘可能’情况（即事实上不存在但可能存在的情况）的概念非常不清楚。”[19]一种语言如果只限于报道一个事先完全知道的世界，就不可能中立而客观地报道“所予”。能够做到这一点的语言会是什么样子，哲学研究连一点暗示也提供不了。

在这些情况下，我们至少可以相信，当科学家把氧气和摆（也许还有原子和电子）当成他们直接经验的基本成分时，他们在原则上和实践上都是对的。正因为科学家的经验、文化和职业都包含着范式，科学家的世界里才充斥着行星和摆、电容器和复合矿石以及诸如此类的东西。与这些知觉对象相比，米尺读数和视网膜印记都是精致的构造，只有当科学家为了专门的研究目的而事先作出安排时，这些构造才有机会直接进入经验。例如，这并不是说，摆是科学家注视一块摆动的石头时唯
128 一可能看到的东西。（我们已经指出，另一个科学共同体的成员可能看到受约束的下落。）而是表明，科学家注视一块摆动的石头时，不可能拥有原则上比“看见一个摆”更基本的经验。可能的选项并不是某种假设性的“固定”视觉，而是透过另一个范式的视觉，它把摆动的石头变成了另外某种东西。

---

[19] N. Goodman, *The Structure of Appearance* (Cambridge, Mass., 1951), pp. 4-5. 这段话值得多引一些：“如果 1947 年威明顿（Wilmington）体重介于 175 磅和 180 磅之间的所有居民——而且只有这些居民——都是红发，那么‘1947 年威灵顿的红发居民’和‘1947 年威灵顿体重介于 175 磅和 180 磅之间的居民’就可以结合成一个构造性的定义……是否‘可能有’某个人只适用于这两个谓词当中的一个，这个问题是没有意义的……一旦我们已经确定这种人不存在……幸运的是没有什么更多的疑点；因为‘可能’情况（即事实上不存在但可能存在的情况）这个概念非常不清楚。”

如果我们还记得，无论科学家还是业外人士都不是以零碎的方式学会看世界的，那么这一切就显得更合理了。除非所有类型的概念和操作都已经预先准备好了——例如为了发现一种新的超铀元素或看见一所新的房屋——科学家和业外人士都从经验之流中清理出整块整块的区域。孩子起初用“妈妈”这个词来称呼所有人，然后用它来称呼所有女人，最后称呼自己的母亲，在此过程中他不仅在学习“妈妈”的含义或者他妈妈是谁，同时也在学习男人与女人的一些区别，以及除母亲之外的所有女人对待他的方式。他的反应、期望和信念——事实上是他所知觉的大部分世界——都相应地改变了。同样，拒绝把太阳再称为“行星”的哥白尼主义者不仅学会了“行星”是什么意思或者太阳究竟是什么，而且改变了“行星”一词的含义，使之能在一个不只太阳，而且所有天体都不再能以过去的方式去看待的世界里，继续作出有用的区分。这一点对于我们之前讨论的任何一个例子都适用。看到氧气而不是看到脱燃素空气，看到电容器而不是看到莱顿瓶，看到摆而不是看到受约束的下落，仅仅是科学家对于许多相关的化学、电学或力学现象的看法的整体转换的一部分。范式还同时决定了广泛的经验领域。

然而，只有在经验已经这样被决定之后，才能开始寻求一种操作定义或纯粹的观察语言。追问是哪些测量或视网膜印记使摆成为摆的科学家或哲学家在看到摆时，必定已经能够识别它。如果看到的是受约束的下落，他就不可能问这个问题。如

129 果他看到一个摆，却以看音叉或振荡天平的方式去看它，那么他的问题就无法解答，至少无法以相同的方式来回答，因为它将不是同一个问题。因此，关于视网膜印记或特定实验室操作的结果的问题虽然总是正当的，有时甚至极富成果，但都预设了一个在知觉和概念上已经做过某种划分的世界。在某种意义上，这些问题属于常规科学，因为它们依赖于范式的存在，也因范式的改变而有不同的答案。

在本章的最后，我们不再谈论视网膜印记，而是再次聚焦于实验室操作，它们为科学家之所见提供了具体但不完全的指标。我们已经多次指出，这种实验室操作随着范式的改变而改变。一场科学革命之后，许多旧的测量和操作都成了不相干的，并且被其他测量和操作所代替。科学家并不把用于脱燃素空气的所有检验用于氧气。但这种改变从来不是完全的。不论看到什么，革命之后的科学家仍然在看同一个世界。此外，他的大部分语言和实验室仪器在革命前后仍然相同，尽管使用方式可能有所不同。结果，革命之后的科学总是包含许多与革命之前相同的操作，用同样的仪器来完成，用同样的术语来描述。如果这些持久的操作的确有所改变，那么变化必定发生在它们与范式的关系上或其具体结果上。现在我要引入最后一个新的例子，表明这两种改变都会发生。考察道尔顿及其同时代人的工作，我们就会发现，同一个操作在通过不同的范式与自然相关联时，可以成为自然规律性的不同方面的标志。我们还会看到，旧操作在其新角色中有时会产生不同的具体结果。

在 18 世纪的大部分时间里一直到 19 世纪，欧洲化学家几
乎普遍认为，构成所有化学物质的基本原子是靠相互之间的亲 130
和力结合在一起的。例如，银块是靠银微粒之间的亲和力而内聚在一起的（直到拉瓦锡之后，这些微粒才都被认为由更基本的微粒所构成）。根据同一理论，银之所以溶于酸（或盐溶于水），是因为酸微粒对银微粒（或水微粒对盐微粒）的吸引大于这些溶质微粒彼此之间的吸引。再如，铜之所以溶于银溶液并且析出银，是因为铜与酸的亲和力强于银与酸的亲和力。其他许多现象也是用同样的方式解释的。在 18 世纪，这种选择性亲和力理论是一个极好的化学范式，被广泛用于化学实验的设计和分析，有时还卓有成效。[20]

然而在道尔顿的工作被吸纳之后，用亲和力理论来区分物理混合物和化学化合物就变得陌生了。18 世纪的化学家的确能识别这两种过程。当混合产生了热、光、泡沫或诸如此类的东西时，就被认为发生了化合。另一方面，如果混合物中的微粒可以用肉眼分辨或者用机械的方式分开，那就只是物理混合物。但对于大量中间情形，比如水中的盐、合金、玻璃、大气中的氧气等，这些粗糙的标准几乎派不上用场。化学家在其范式指导下，大都把整个中间范围看成化学的，因为其中涉及的过程都受同一种力的支配。盐溶于水或氮气中加入氧气和铜的

[20] H. Metzger, *Newton, Stahl, Boerhaave et la doctrine chimique* (Paris, 1930), pp. 34-68.

氧化一样是化合的例子。把溶液看成化合物的证据非常有力。亲和力理论本身已经得到很好的证明，此外化合物的形成也解释了观察到的溶液的同质性。例如，如果氧气和氮气只是在大
131 气中混合而不是化合，那么较重的氧气就应沉到底层。视大气为混合物的道尔顿从未很好地解释氧气为什么没有沉到底层。对其原子理论的吸纳最终造就了一种前所未有的反常。[21]

有人也许会说，把溶液看成化合物的化学家只在化合物的定义上不同于他们的后辈。在某种意义上也许确实如此，但定义并非在这个意义上才是方便的约定。在 18 世纪，通过操作检验并不能（或许也不可能）完全区分混合物和化合物。即使化学家寻求过这种检验，他们找到的标准也会把溶液当作化合物。化合物与混合物的区分是他们范式的一部分，是他们看待整个研究领域的方式的一部分，它本身要先于任何特定的实验室检验，尽管并不先于整个化学业已积累的经验。

但以这种方式看待化学时，化学现象所例证的定律将不同于吸纳道尔顿的新范式之后出现的定律。特别是，虽然溶液仍被当作化合物，但化学实验本身却无法产生定比定律。18 世纪末的学者几乎都知道，**某些**化合物的成分通常具有固定的重量比例。德国化学家李希特（Richter）甚至注意到，某些类型的

---

[21] H. Metzger, *Newton, Stahl, Boerhaave et la doctrine chimique* (Paris, 1930), pp. 124-129, 139-148. 关于道尔顿，参见 Leonard K. Nash, *The Atomic-Molecular Theory* (“Harvard Case Histories in Experimental Science”, Case 4; Cambridge, Mass., 1950), pp. 14-21。

反应有进一步的规律，即现在所谓的化学当量定律。[22] 但化学家只把这些规律用于配方，而且直到 18 世纪末，没有人想到要对它们进行概括。既然存在明显的反例，比如玻璃或盐溶于水，如果不抛弃亲和力理论并重新理解化学领域的边界，是不可能作出这种概括的。法国化学家普鲁斯特（Proust）和贝托 132
莱（Berthollet）在 18 世纪末的著名争论清楚地表明了这一点。普鲁斯特宣称所有化学反应都以定比关系发生，贝托莱则反对这种观点。双方都收集了有力的实验证据来支持自己，但只能各说各话，其争论也毫无结果。在贝托莱看来比例可变的化合物，普鲁斯特却只看到了物理混合物。[23] 这个问题既不涉及实验，也不涉及改变传统定义。这两个人就像伽利略和亚里士多德那样，目的完全不一致。

正是在这样的背景下，道尔顿的研究最终引出了其著名的化学原子论。但在那些研究临近结束之前，道尔顿既不是化学家，对化学也不感兴趣。他其实是个气象学家，研究关于水吸收气体和大气吸收水的物理问题。既是由于受到了不同专业的训练，也是由于他在那个专业中的工作，他用一种不同于当时化学家的范式来研究这些问题。特别是，他把气体的混合或水吸收气体看成亲和力在其中不起任何作用的物理过程。因此，观察到的溶液的同质性对他来说是个问题，但他认为，只要能

[22] J. R. Partington, *A Short History of Chemistry* (2d ed.; London, 1951), pp. 161-163.

[23] A. N. Meldrum, "The Development of the Atomic Theory: (I) Berthollet's Doctrine of Variable Proportions", *Manchester Memoirs*, LIV (1910), 1-16.

确定其实验混合物中各种原子微粒的相对大小和重量，他就能解决这个问题。正是为了确定这些大小和重量，道尔顿才最终转向化学，并且从一开始就假定，在被他视为化学的有限范围的反应中，原子只能一对一地或以其他某种简单的整数比率结合。[24]这个自然假定的确使他能够确定基本微粒的大小和重量，但也使定比定律成为一个重言式。对道尔顿而言，任何成分不
133 合定比的反应都不是纯化学过程。在道尔顿的工作之前无法被实验确立的定律，在那些工作被接受之后，就成了任何一组化学测量都推翻不了的构成性原则。这场科学革命（它也许是我们所举的最详细的例子）的结果是，同样的化学操作与化学概括的关系完全不同于以往。

不用说，道尔顿的结论刚一发表就受到了广泛攻击。特别是，贝托莱从未被说服。考虑到这个问题的本质，他也无须被说服。但对于大多数化学家而言，事实证明，道尔顿的新范式显然要比普鲁斯特的更令人信服，因为它的意义要比一个区分混合物与化合物的新标准广泛和重要得多。例如，如果原子只能以简单的整数比进行化合，那么重新考察已有的化学资料就应该能够揭示许多定比和倍比的例子。例如，化学家不再说碳的两种氧化物中氧的重量各占 56% 和 72%，而会说 1 份重量的碳将与 1.3 或 2.6 份重量的氧结合。以这种方式记录旧操作的结

[24] L. K. Nash, “The Origin of Dalton’s Chemical Atomic Theory”, *Isis*, XLVII (1956), 101-116.

果时，2:1 这个比率就跃入了眼帘；在对许多众所周知的反应和新反应进行分析时，都出现过这种情形。此外，道尔顿的范式使李希特的工作有可能被吸纳，并显示其完整的一般性。再者，它还提出了新实验，特别是盖－吕萨克（Gay-Lussac）关于化合体积的实验，这些实验又给出了以前的化学家做梦都想不到的其他规律。化学家从道尔顿那里得到的并不是新的实验定律，而是一种从事化学的新方式（他本人称之为“化学哲学的新体系”）。事实证明，这种方式很快便结出了硕果，以至于在法国和英国，只有少数几个老派的化学家才反对它。[25] 结果，化学家们渐渐生活在一个新的世界中，那里化学反应的表现与以前大不相同。

与此同时，出现了另一个典型的非常重要的变化。化学数 134
据本身也开始转变了。道尔顿最初在化学文献中寻找数据来支持他的物理理论时，发现有些反应的记录符合他的理论，但也难免会发现一些记录与之不符。例如，普鲁斯特本人对铜的两种氧化物的测量结果是，氧的重量比是 1.47:1，而不是原子论所要求的 2:1；而普鲁斯特正是最有希望得到道尔顿比率的人。[26] 也就是说，他是一个很好的实验家，对混合物与化合物关系的

[25] A. N. Meldrum, “The Development of the Atomic Theory: (6) The Reception Accorded to the Theory Advocated by Dalton”, *Manchester Memoirs*, LV (1911), 1-10.

[26] 关于普鲁斯特，参见 Meldrum, “Berthollet’s Doctrine of Variable Proportions”, *Manchester Memoirs*, LIV (1910), 8. 关于化学组成和原子量测量方面的逐渐改变，详细的历史还有待撰写，但 Partington, *A Short History of Chemistry*. 提供了许多有用的线索。

看法非常接近于道尔顿。不过，使自然符合范式是很难的。正因如此，常规科学的谜题才如此具有挑战性，在没有范式的情况下所作的测量才很少引出任何结论。因此，化学家不可能纯粹依靠证据就接受道尔顿的理论，因为许多证据仍然是否定性的。事实上，甚至在接受理论之后，他们也仍然要迫使自然就范，这个过程最终要花费另一代人的时间。整个过程结束后，甚至连众所周知的化合物的百分比构成也不同了。数据本身已经改变。正是在这最后一种意义上我们说，革命之后的科学家在一个不同的世界里工作。

第十一章　革命无形

我们还必须问科学革命是如何结束的。不过在此之前， 135
似乎需要再次（也是最后一次）尝试增强我们对于科学革命的存在和本质的信念。迄今为止，我一直在通过实例展示革命，这些例子可以没完没了地举下去。但是显然，这些因为广为人知而被特意挑选出来的例子中有许多常常只被视为科学知识的增加，而不是革命。同样的观点也可以应用于任何新的例子，因此这些例子也许不起什么作用。事实证明，革命几乎是无形的，对此我可以提出很好的理由。科学家和业外人士关于科学创造活动的印象大都出自同一个权威来源，部分是出于重要的功能性理由，这个来源系统地掩盖了科学革命的存在和意义。只有认识和分析了那个权威的本质，历史案例才可能变得完全有效。此外，尽管这一点要到最后一章才能得到全面阐述，但现在所要做的分析将会指出科学工作中将科学与（也许除了神学）所有其他创造性活动最清楚地区分开来的那个方面。

至于这个权威来源，我想到的主要是科学教科书以及效仿 136
它们的普及读物和哲学著作。所有这三类书籍——直到最近，除了通过研究活动，关于科学还没有其他重要的信息来源——

都有一个共同点。它们都专注于一套已经关联起来的问题、资料和理论，通常是专注于写书时科学共同体信奉的那套特定范式。教科书本身旨在传达当时科学语言的词汇和语法，普及读物尝试用一种更贴近日常生活的语言来描述这些应用，而科学哲学特别是英语世界的科学哲学，则致力于分析这套已经完成的科学知识的逻辑结构。虽然更全面的讨论必然会涉及这三者之间的真实区别，但这里我们最关心的是它们的相似之处。这三者都记录了过去革命的稳定**结果**，从而展示了当前常规科学传统的基础。为了实现其功能，对于这些基础当初如何被认识，以及后来如何被这个专业接受，它们无须提供真实可靠的信息。至少就教科书而言，在这些事情上有很好的理由解释为什么它们会系统地误导读者。

我们曾在第二章指出，越来越依赖于教科书或其替代品，始终伴随着任何科学领域中第一个范式的出现。本书的最后一章将会提出，教科书对一门成熟科学的主导将使其发展模式大大不同于其他领域。让我们姑且认为，在其他领域前所未有的程度上，业外人士和研究者的科学知识都基于教科书和源自教科书的其他几类文献。然而，教科书是使常规科学得以延续的教学工具，所以每当常规科学的语言、问题结构或标准发生了改变，教科书就得全部或部分重写。简而言之，每一次科学
137 革命之后都必须重写教科书。而且一旦重写，它们就不可避免会掩盖产生它们的革命的作用，甚至是掩盖革命的存在本身。除非亲身经历过一次革命，否则无论是从事研究的科学家还是

教科书的普通读者，其历史感只能触及该领域最近一次革命的结果。

于是，教科书总是一上来就要去除科学家对其学科的历史感，并进而提供替代品。典型的情况是，科学教科书只包含一点点历史，要么是放在导论章，更常见的是零星地提及之前的伟大人物，从而使学生和专业人士感觉仿佛参与了一个历史悠久的传统。但事实上，使科学家有参与感的这个源于教科书的传统从未存在过。出于一些明显的、功能性的理由，科学教科书（以及许多老的科学史著作）只会提及过去科学家的一部分工作，这部分工作很容易被认为有助于陈述和解决教科书中的范式问题。部分是通过选择，部分是通过曲解，之前的科学家被暗中刻画成一直在研究这样一些问题，遵守这样一些规则，科学理论和方法上的最新革命使之显得科学的那些问题和规则与此相同。难怪每一次科学革命过后，教科书及其蕴含的历史传统都必须重写。也难怪随着它们被重写，科学再一次看起来像是累积性的。

当然，并非只有科学家这个群体才往往把其学科的过去看成朝着目前的有利状况直线发展。将历史写成为现在作准备的诱惑无处不在、屡见不鲜。但重写历史的诱惑对科学家影响更大，这既是因为科学研究成果并不明显地依赖于研究的历史语境，也是因为科学家在当代的地位似乎非常稳固，除非是在危机和革命时期。无论是关于科学的现在还是过去，更多的历史细节，或者对历史细节的更多责任，只能人为地突出人类的怪 138

癖、错误和混乱。为什么要给科学好不容易才抛弃掉的东西增光呢？这种对历史事实的贬低深深地或者功能性地植根于科学这一行的意识形态中，而这个行业却赋予了其他种类的事实细节以最高的价值。怀特海（Whitehead）写道："不愿忘记其创始者的科学是个死掉的科学。"此时他把握了科学共同体的非历史精神。但他说的并不完全正确，因为和其他专门事业一样，科学也需要自己的英雄人物，而且的确保留着他们的名字。幸好，虽然不忘这些英雄，科学家却有办法忘记或修改他们的研究成果。

结果导致了一种持续的倾向，要使科学史看起来是线性的或累积性的，这种倾向甚至影响了科学家对自己研究的回顾。例如，道尔顿关于其化学原子论发展的三种不相容的论述使人觉得，他很早就对他后来成功解决的那些关于化合比例的化学问题感兴趣。然而事实上，直到他的创造性工作近乎完成，他似乎才想到了那些问题及其解答。[1] 道尔顿的所有论述中都省略了一点，那就是把以前仅限于物理学和气象学的一组问题和概念应用于化学所产生的革命性结果。这就是道尔顿所做的事情，它使化学领域重新调整了方向，从而教导化学家根据旧的资料提出新的问题，得出新的结论。

再如，牛顿说伽利略已经发现，恒定的重力产生的运动与时间的平方成正比。事实上，如果嵌入牛顿自己的力学概念框

---

[1] L. K. Nash, "The Origins of Dalton's Chemical Atomic Theory", *Isis*, XLVII (1956), 101-116.

架，那么伽利略的运动学定理的确是这样一种形式。但伽利略
根本没有说过这样的话。他在讨论落体时很少提到力，更不用
说提到使物体下落的一种恒定重力了。[2] 通过把伽利略的范式 139
根本不允许问的一个问题的答案归功于伽利略，在科学家就运
动提出的问题以及能够接受的答案中，牛顿的论述隐藏了一个
虽不显著但却具有革命性的重新表述的作用。然而与新的经验
发现相比，这种对问题和答案的表述的变化更能解释力学从亚
里士多德到伽利略以及从伽利略到牛顿的转变。正是通过掩盖
这些变化，教科书使科学发展成为线性的倾向掩盖了位于科学
发展最重要事件核心处的一个过程。

上述例子都在某一次革命的背景下展示了对历史进行重建的开端，这种重建通常由革命之后的科学教科书来完成。但这种完成包含着比上述历史曲解更多的东西。这些曲解使革命变得无形，而科学教科书对一些仍然可见的材料的安排则暗示了一个过程，这个过程如果真的存在，就会否定革命的作用。由于旨在让学生迅速了解当代科学共同体自认为知道的东西，教科书会尽可能逐一地讨论当前常规科学的各种实验、概念、定律和理论。作为教学方法，这种论述技巧是无可指摘的。但如果结合科学写作普遍的非历史气息，以及上述偶尔出现的系统性

[2] 牛顿的话参见 Florian Cajori (ed.), *Sir Isaac Newton's Mathematical Principles of Natural Philosophy and His System of the World* (Berkeley, Calif., 1946), p. 21。这段话应当与伽利略本人在 *Dialogues concerning Two New Sciences*, trans. H. Crew and A. de Salvio (Evanston, Ill., 1946), pp. 154-176 中的讨论进行比较。

曲解，就极有可能形成一种强烈印象：科学是通过一连串个别的发现和发明而达到现状的，这些发现和发明合在一起就构成了现代专业知识的整体。教科书的写法暗示，从科学事业之初，科学
140 家就在努力追求体现于今天范式中的特定目标。科学家给当代科学教科书所提供的知识体增添了一个又一个新的事实、概念、定律或理论，这个过程通常被比作给一座建筑添砖加瓦。

但科学并不是这样发展的。当代常规科学的许多谜题在最近的科学革命之前并不存在。它们几乎都不能追溯到本门科学的历史开端。之前几代人用他们的仪器和解题准则去研究他们自己的问题。发生改变的也不只是问题，而是教科书范式用以符合自然的整个事实和理论的网络。例如，化学组成的恒定性是不是化学家在其工作的任何一个世界都能通过实验来发现的一个纯粹的经验事实？抑或是由相关事实和理论组成的新结构中一个不容置疑的要素，道尔顿希望让这个结构符合以前的整个化学经验，并且在这一过程中改变了那些经验？同样，恒定的力所产生恒定加速度是否只是力学研究者一直在寻找的一个事实？抑或是对一个只在牛顿理论中才第一次出现的问题的回答，根据这个问题被提出之前就已存在的知识，牛顿理论即可回答这个问题？

这些问题是就教科书中描述的看似零碎发现的一个个事实而提出的。但它们显然也涉及教科书所呈现的理论。当然，那些理论的确“符合事实”，但那只是通过把以前的信息转变成对前一范式来说根本不存在的事实而做到的。这意味着，理论也不是逐步演化以符合始终存在的事实。毋宁说，在对先前科学

传统的革命性重组中，理论和与之符合的事实一并出现了。在这个传统中，以知识为媒介建立起来的科学家与自然之间的关系也不一样了。

最后一个例子也许可以澄清教科书的写法是如何影响我们
关于科学发展的这些印象的。任何初等化学教科书都会讨论化 141
学元素概念。介绍这个概念时，它的起源几乎总被归于 17 世
纪的化学家罗伯特·波义耳。在其《怀疑的化学家》(*Sceptical
Chymist*) 一书中，细心的读者会发现一个与今天的用法颇为接
近的“元素”定义。对波义耳的提及有助于使初学者知道，化
学并非始于磺胺药剂；此外，它还告诉初学者，科学家的一个
传统任务就是发明这种概念。作为训练科学家的教学法的一部
分，这种归功的做法非常成功。但它再次表明，这种历史错误
的模式会让科学家和业外人士误解科学事业的本质。

按照波义耳的说法（这是完全正确的），他对元素的“定义”不过是对一个传统化学概念的释义罢了。他给出这个定义仅仅是为了表明，根本不存在化学元素这种东西。作为历史，教科书关于波义耳贡献的说法是完全错误的。[3] 当然，这种错误是无足轻重的，尽管对资料的其他错误表述也是如此。然而，当这种错误第一次混入并嵌入教科书的技术结构中时，它所培育出的科学形象就不再无足轻重了。和“时间”“能量”“力”或“粒子”

---

[3] T. S. Kuhn, “Robert Boyle and Structural Chemistry in the Seventeenth Century”, *Isis*, XLIII (1952), 26-29.

一样，元素概念也是教科书中一个常常根本不是被发明或发现的组成部分。特别是波义耳的定义，往前至少可以追溯到亚里士多德，往后则经由拉瓦锡一直进入现代教科书。但这并不是说，科学自古以来就已经拥有现代的元素概念。像波义耳那样的文字定义若仅就自身来考虑，则几乎没有什么科学内容。它们并没有从逻辑上完整而具体地说明含义，而更像是教学辅助工具。这些定义所指向的科学概念只有在教科书或其他系统表述中与其他科学概念、操作程序和范式应用相关联时，才能获
142 得完整含义。因此，像元素这样的概念很少能不依赖于背景而被发明出来。而如果背景给定，它们也很少需要发明，因为那时已经唾手可得。波义耳和拉瓦锡都以重要的方式改变了“元素”的化学含义。但他们并没有发明这个概念，甚至没有改变作为其定义的文字表述。正如我们所看到的，为了在其研究背景中赋予“空间”和“时间”以新的含义，爱因斯坦也不必发明它们或者作出清晰的重新定义。

那么，包含这个著名“定义”的那部分波义耳著作有什么历史功能呢？波义耳是一场科学革命的领袖，通过改变“元素”与化学操作和化学理论的关系，这场革命把“元素”概念改造成一种与之前大不相同的工具，并且在此过程中改变了化学和化学家的世界。[4] 为使这个概念获得现代的形式和功能，还需

---

[4] Marie Boas, *Robert Boyle and Seventeenth-Century Chemistry* (Cambridge, 1958) 有许多地方讨论了波义耳对于化学元素概念的演化所做的正面贡献。

要其他革命，包括以拉瓦锡为中心的那场革命。但波义耳典型地例证了每一个阶段所涉及的过程，以及现有的知识被编入教科书时对这一过程的影响。教学形式比科学的任何其他方面更能决定我们对科学的本质以及发现和发明在科学进展中的作用的看法。

第十二章　革命的解决

143 　　我们刚才讨论的教科书只有在一次科学革命之后才会产生。它们是一种新的常规科学传统的基础。在研究教科书的结构问题时，我们显然漏掉了一步。新的候选范式是通过什么过程取代了旧范式？任何对自然的新诠释，无论是发现还是理论，都首先出现在一个或几个人心中。是他们最先学会用不同的方式来看待科学和这个世界，他们作这种转换的能力得益于大多数其他专业成员所不具备的两种情况。他们的注意力总是集中于那些引发危机的问题；此外，他们通常都很年轻，或者刚刚踏入这个危机四伏的领域不久，因此对于旧范式所决定的世界观和规则不像大多数同时代人那样笃信。他们如何能够改变，或者必须作出什么才能改变整个行业或相关的专业群体看待科学和世界的方式呢？是什么东西促使一个群体放弃一种常规科学传统而拥护另一种传统呢？

要想看出这些问题的紧迫性，请记住，关于如何对业已
144 确立的科学理论进行检验、证实或否证，历史学家只能提供这些问题来重构哲学家的研究。致力于常规科学的研究者的任务是解谜题，而不是检验范式。在寻求某个谜题的解答时，虽

然他会尝试若干不同的解决办法，放弃那些走不通的路径，但他这样做并不是在检验**范式**，而是像个棋手，面对现实或思想中的棋局，尝试各种可能的走法来破解此局。无论是棋手还是科学家，这些尝试都只是在试验他们自己，而不是试验比赛规则。只有当范式本身被视为理所当然时，才可能作这些尝试。因此，只有在一个值得注意的谜题始终无法得到解答从而引发危机之后，才可能对范式进行检验。即便如此，这也只发生在危机意识已经引出一个可能的候选范式之后。在科学中，这种检验从来不像解谜题那样只是在单一的范式与自然之间进行比较，而是两个敌对范式为得到科学共同体的支持而展开竞争的一部分。

如果仔细考察，这种表述将会类似于当代关于证实的两种最流行的哲学理论，这种类似既出乎意料，又可能很有意义。几乎没有科学哲学家仍在寻求证实科学理论的绝对标准。由于注意到没有一种理论能够经受住所有可能的相关检验，所以他们不是问，一种理论是否已经得到证实，而是问，根据现有的证据，该理论得到证实的概率有多少。为了回答这个问题，有一个重要的学派尝试对不同的理论解释现有证据的能力进行比较。在新理论得到接受的历史语境下，像这样坚持对理论进行比较是一个典型特征。它很可能指出了未来关于证实的讨论所要走的一个方向。

然而，概率证实理论通常都会诉诸第十章讨论的某种纯粹的或中性的观察语言。其中一种概率性的理论要求我们将给定

145 的科学理论与所有其他可以设想与同一组观察资料相符的理论进行比较。另一种理论则要求我们构想出给定的科学理论理应通过的所有检验。[1] 显然，为了计算出特定的（绝对的或相对的）概率，有必要进行某种这样的建构，但很难看出如何可能实现这种建构。正如我所强调的，如果在科学或经验上中性的语言系统或概念系统不可能存在，那么就必须在某个基于范式的传统内部对不同的检验和理论进行所提议的建构。一旦作出这样的限定，就无法涉及所有可能的经验或理论。结果是，概率性的理论既阐明了证实的情形，又掩盖了证实的情形。虽然那种情形的确依赖于理论之间的比较和广泛证据之间的比较，就像他们坚持认为的那样，但所讨论的理论和观察总是与业已存在的理论和观察密切相关。证实就像自然选择：在某种特定的历史情况下，它从实际选项中挑选出最可行的。倘若还有其他选项存在，或者现有资料是另外一种类型，那么这个选项是否依然是最好的，提出这个问题并无裨益。没有工具可以用来寻求它的答案。

卡尔·波普尔（Karl R. Popper）对这个问题网络提出了一种非常不同的研究方法，他根本否认有任何证实程序存在，[2] 而是强调否证的重要性，即强调这样一种检验，如果其结果是

---

[1] 关于通往概率证实理论的主要途径，一个简短的概要参见 Ernest Nagel, *Principles of the Theory of Probability*, Vol. I, No. 6, of *International Encyclopedia of Unified Science*, pp. 60-75。

[2] K. R. Popper, *The Logic of Scientific Discovery* (New York, 1959), esp. chaps. i-iv.

否定的，那么就必须抛弃一种业已确立的理论。显然，被归于否证的这种作用很像本书为反常经验——通过引发危机为新理论铺平道路的那些经验——所指定的作用。然而，反常经验并不等于否证性的经验。我甚至怀疑后者是否存在。正如我在前面反复强调的，没有任何理论能够解决它在某一时间面临的所
有谜题，业已得到的解答也不总是完美的。恰恰相反，正是理 146
论与资料之间符合程度的不完全和不完美，才界定了刻画常规科学的许多谜题。倘若理论与资料之间稍有不符即成为抛弃理论的理由，那么所有理论都应随时被抛弃。另一方面，如果只有理论与资料之间的严重不符才能成为抛弃理论的理由，那么波普尔主义者就需要有某种“不大可能性”或“否证程度”的标准。在提出这一标准时，他们几乎肯定会碰到曾经让各种概率性证实理论的拥护者们头痛的那些困难。

如果认识到，关于科学研究背后的逻辑，这两种流行的对立观点都试图把两种在很大程度上分离的过程合而为一，那么前面提到的许多困难就都可以避免。波普尔所说的反常经验之所以对科学重要，是因为它激起了现有范式的竞争者。然而，尽管否证的确发生了，但它的发生并不伴随着，也不单纯是因为反常或否证性实例的出现。毋宁说，它是一个随后发生的单独过程，这个过程同样可以被称为证实，因为其要点在于新范式战胜旧范式。此外，正是在这个联合的证实 - 否证过程中，概率性的理论比较扮演了核心角色。我认为，这样一种两阶段表述有很大的似真性（verisimilitude），它也能使我们

开始阐释事实与理论的相符（或不符）在证实过程中所起的作用。至少对历史学家而言，说证实是在确立事实与理论的相符，这没有什么意义。一切有历史意义的理论都与事实相符，只不过程度有别。某个理论是否符合事实或者符合得有多好，这样的问题并无确切答案。但是当理论不止一个，甚至成对出现时，类似的问题是可以问的。问两个实际的相互竞争的理论中哪一个**更好地**符合事实，就非常有意义。例如，虽然普里斯特利和拉瓦锡的理论都无法精确符合现有的观察，但不到十年时间，几乎所有同时代人都断言拉瓦锡的理论与事实符合得更好。

147 然而，这种表述使得在范式之间进行选择显得比实际上更容易也更熟悉。假如只有一组科学问题、一个对其进行研究的世界和一组解决问题的标准，那么也许可以通过计算每个范式解决的问题数这样的过程来较为常规地解决范式之间的竞争。但事实上，这些条件从未得到完全满足。竞争范式的拥护者们，其目的总是不尽一致。任何一方都不会承认另一方论证所需的所有非经验假设。就像普鲁斯特和贝托莱争论化合物的组成那样，他们必定会在部分程度上各说各话。虽然每一方都希望说服另一方接受自己看待科学和问题的方式，但双方都不希望去证明自己是对的。范式之间的竞争不是那种可以通过证明来解决的战斗。

竞争范式的拥护者们在观点上必定无法完全交流，我们已经谈到几点理由。这些理由已被统称为革命前与革命后的常规科学传统之间的不可公度性，这里只需作出简要重述。首先，竞争范式的拥护者们对于候选范式必须解决哪些问题常常有不同的看法。他们关于科学的标准或定义并不相同。运动理论是必须解释物质微粒之间为何会有吸引力，还是只要简单指出有这种吸引力存在就可以了？牛顿力学曾遭到广泛拒斥，因为与亚里士多德和笛卡尔的理论不同，它只是指出有引力存在。因此，当牛顿理论被接受时，科学中就排除了一个问题。然而，这正是广义相对论可以自豪地宣称已经解决的问题。再如，在 19 世纪传播开来的拉瓦锡的化学理论禁止化学家去问为什么金属如此相像，燃素化学已经提出并回答过这个问题。到拉瓦锡范式的转变，就像到牛顿范式的转变一样，不仅意味着失去了一个可以问的问题，而且意味着失去了一个已经得到的解答。
但这种失去并不是永久性的。在 20 世纪，关于化学物质性质的 148
问题连同一些回答又重新进入了科学。

然而，所涉及的不只是标准的不可公度性。新范式既然由旧范式产生出来，就通常会包括传统范式之前使用的许多词汇和仪器，无论是概念上的还是操作上的。但新范式很少以传统方式运用这些借来的要素。在新范式中，旧的术语、概念和实验彼此之间形成了新的关系。这不可避免会导致两个相互竞争的学派之间存在误解（尽管这样说并不完全恰当）。那些因为空间不可能“弯曲”（它不是那样一种东西）而嘲笑爱因斯坦广义相对论的业外人士，并不单纯是错了或产生了误解而已。试图提出一种欧几里得版本的爱因斯坦理论的那些数学家、物理学家和哲学家也是如此。[3] 以前的时候，空间必定意味着平直、同质、各向同性和不受物质存在的影响。若非如此，牛顿物理学就不会管用。为了转变成爱因斯坦的宇宙，由空间、时间、物质、力等构成的整个概念之网必须发生改变，再罩住整个自然。只有那些完全转变过来或根本没有转变的人才能精确地发现他们之间有哪些一致或不一致。革命前后的交流不可避免是不完全的。再比如，那些因为哥白尼宣称地球在运动而称他为疯子的人并不只是错了或大错特错而已。他们所说的“地球”有一部分含义就是固定的位置。至少，他们的地球是不可能运
149 动的。相应地，哥白尼的创新并不只是让地球动起来而已。毋宁说，它是看待物理学和天文学问题的一种全新方式，这种方式必然会改变“地球”和“运动”的含义。[4] 如果没有这些改变，运动地球的概念就是疯狂的。另一方面，一旦作出这些改变并且理解了它们，笛卡尔和惠更斯就能认识到，地球的运动是一个没有科学内容的问题。[5]

这些例子指向了竞争范式的不可公度性的第三个方面，也是最基本的方面。在某种我无法进一步阐释的意义上，竞争

---

[3] 关于业外人士对弯曲空间概念的反应，参见 Philipp Frank, *Einstein, His Life and Times*, trans. and ed. G. Rosen and S. Kusaka (New York, 1947), pp. 142-146。一些人试图把广义相对论的长处保存在欧几里得空间里，参见 C. Nordmann, *Einstein and the Universe*, trans. J. McCabe (New York, 1922), chap. ix。

[4] T. S. Kuhn, *The Copernican Revolution* (Cambridge, Mass., 1957), chaps. iii, iv, and vii. 日心说在多大程度上不仅仅是一个严格的天文学问题，是全书的一个重大主题。

[5] Max Jammer, *Concepts of Space* (Cambridge, Mass., 1954), pp. 118-124.

范式的拥护者是在不同的世界里从事他们的行当。一个世界包含着缓慢下落的受约束的石头，而另一个世界则包含着不断重复运动的摆。在一个世界里，溶液是化合物，而在另一个世界里，溶液则是混合物。一个世界嵌在平直的空间中，而另一个世界则嵌在弯曲的空间中。在不同的世界里从事研究的两组科学家从同一点朝同一方向看到的是不同的东西。这并不是说他们可以看到任何他们喜欢看到的东西。他们都在看这个世界，他们所看的东西并没有变。但在某些领域，他们看到了不同的东西，这些东西彼此之间的关系也有所不同。因此，一组科学家认为根本不可能证明的定律，有时另一组科学家却认为在直觉上很明显。同样是由于这个原因，在能够指望充分交流之前，其中一组科学家必须经历我们称之为范式转换的那个改信过程。正因为它是不可公度的东西之间的一种转变，所以竞争范式之间的转变不可能在逻辑和中性经验的推动下逐步完成。和格式塔转换一样，它必须要么一起发生（虽然不一定瞬间完成），要么根本不发生。

那么，如何使科学家作出这种转变呢？部分答案是，他们
常常做不出。哥白尼去世后近一个世纪，哥白尼的学说也没有 150
赢得几位改信者。《自然哲学的数学原理》一书问世后半个多世纪，牛顿的工作也没有被普遍接受，特别是在欧洲大陆。[6] 普

[6] I. B. Cohen, *Franklin and Newton: An Inquiry into Speculative Newtonian Experimental Science and Franklin's Work in Electricity as an Example Thereof* (Philadelphia, 1956), pp. 93-94.

里斯特利从未接受燃烧氧化理论，开尔文勋爵也从未接受电磁理论，如此等等。科学家本人常常会指出改信的困难。达尔文在《物种起源》(*Origin of Species*)结尾处有一段极富洞察力的话："虽然我完全相信本书给出的观点是正确的……但是在悠久的岁月中，富有经验的博物学家头脑中装满了大量事实，其观点与我的观点截然相反，我并不指望能说服他们……但是我满怀信心地看着将来——看着年轻的、后起的博物学家，他们将会不带偏见地去看这个问题的两方面。"[7] 马克斯·普朗克(Max Planck)则在其《科学自传》(*Scientific Autobiography*)中回顾自己的职业生涯时悲伤地说："一个新的科学真理取得胜利，不是通过让它的反对者信服，而是通过这些反对者的最终死去，熟悉它的新一代成长起来。"[8]

诸如此类的事实广为人知，无须进一步强调。但它们的确需要重新评价。过去，它们常被归因于科学家也是人，所以即使面对明确的证据，也不会总是承认自己的错误。但我想指出的是，在这些事情上，证据或错误都不是关键所在。改换所效忠的范式是一种不能强迫的改信经历。终生抵抗，特别是在最富创造力的时期一直信奉旧常规科学传统的那些科学家的终生抵抗，并不是对科学标准的违背，而是科学研究自身本性的一

---

[7] Charles Darwin, *On the Origin of Species*... (authorized edition from 6th English ed.; New York, 1889), II, 295-296.

[8] Max Planck, *Scientific Autobiography and Other Papers*, trans. F. Gaynor (New York, 1949), pp. 33- 34.

种标志。这种抵抗源于确信旧范式终将解决它的所有问题，确 151
信最终可将自然纳入范式提供的那个框架。在革命时期，这种信心不可避免会显得顽固，有时甚至很愚蠢。但事情并不只是如此。正是这种信心才使常规科学或解谜题的科学成为可能。只有通过常规科学，专业的科学家共同体才能成功地开发利用旧范式潜在的范围和精度，然后成功地分离出旧范式的困难，使新范式有可能通过研究它们而出现。

然而，说这种抵抗是不可避免的和正当的，范式改变无法通过证明来辩护，并不意味着任何论证都不相干，或者不能说服科学家改变想法。科学共同体曾一再改信新的范式，尽管实现这种转变有时需要一代人的时间。此外，这些改信的发生与科学家也是人这个事实并不冲突，而恰恰因为科学家也是人。虽然有些科学家（特别是那些年长的、更有经验的科学家）可能一直抵抗下去，但大多数科学家都能以某种方式被影响。每隔一段时间就会有一些人改信，直到最后一批抵抗者悉皆故去，整个专业将再次在同一个范式下工作，只不过是一个不同的范式。因此，我们必须问改信是如何引发的以及如何受到抵抗的。

对于这个问题，我们可以期待何种回答呢？正因为所问涉及说服的技巧，或者涉及在不可能存在证明的情况下的论证和反驳，所以我们的问题是一个新问题，需要作一种以前没有作过的研究。我们只能勉强作一种极不完整的、印象式的考察。此外，前面所述结合这一考察的结果表明，在问及说服而非证

明时，科学论证的本质问题并没有单一或统一的答案。科学家个人可以基于各种理由来接受新范式，而且通常同时有好几个
152 理由。其中一些理由完全不属于科学领域，例如太阳崇拜有助于使开普勒成为一个哥白尼主义者。[9] 另一些理由则与科学家个人的独特经历和个性有关，甚至连革新者及其老师的国籍或之前的声誉有时也能起重要作用。[10] 因此最后，我们必须学会以不同方式来问这个问题。那时，我们关心的将不再是事实上使某个科学家改信的论证，而是迟早会重组为单一群体的那种共同体。不过，我将把这个问题留到最后一章去讨论，同时考察在关于范式改变的斗争中被证明特别有效的那些论证。

新范式的拥护者们提出的最常见的声明也许是，他们能够解决导致旧范式陷入危机的那些问题。如果能够合理地作出这一声明，那么它往往就是所有可能主张中最有效的。在提出这一主张的领域，大家已经知道范式遇到了麻烦。这些麻烦不断被人研究，消除它们的努力一再被证明是徒劳的。那种能够特别明确地区分两种范式的“判决性实验”，甚至在发明新范式之前就已经被认可和检验过了。例如，哥白尼声称他解决了日历

---

[9] 关于太阳崇拜在开普勒的思想中扮演的角色，参见 E. A. Burtt, *The Metaphysical Foundations of Modern Physical Science* (rev. ed.; New York, 1932), pp. 44-49。

[10] 关于声誉所起的作用，请看下面这个例子：瑞利勋爵（Lord Rayleigh）在确立声誉之后，曾向英国科学促进会提交了一篇论文，讨论电动力学的一些佯谬。最初送交论文时，他的姓名不小心被遗漏了，这篇论文起初被拒绝了，以为是某个“反论家”写的。没过多久，作者姓名揭晓，英国科学促进会接受了这篇论文并再三表示歉意（R. J. Strutt, 4th Baron Rayleigh, *John William Strutt, Third Baron Rayleigh* [New York, 1924], p. 228）。

年的长度这个长期令人困扰的问题，牛顿声称他调和了地界力学和天界力学，拉瓦锡声称他解决了气体身份和重量关系的问题，而爱因斯坦则声称他使电动力学与一种修正的运动科学变得相容。

如果新范式显示的定量精确性远远优于旧范式，那么这类声明就特别可能取得成功。开普勒的《鲁道夫星表》在定量上 153
优于根据托勒密理论计算出来的所有那些星表，这是使天文学家改信哥白尼理论的一个重要因素。牛顿能够成功地预言定量的天文观测，也许是他的理论能够战胜其他更合理但只能作定性说明的竞争者的最重要原因。到了 20 世纪，普朗克的辐射定律和玻尔的原子理论在定量上取得的极大成功，很快就说服了许多物理学家接受它们，虽然从整个物理科学来看，这两种理论所造成的问题要比它们能够解决的多得多。[11]

然而，仅仅声明已经解决了引发危机的问题往往是不够的，而且也并非总能正当地作这种声明。事实上，哥白尼的理论并不比托勒密的更精确，也并未直接导致历法上的任何改进。再如，光的波动说在问世之后的若干年里，甚至不能像微粒说一样成功地解决偏振效应问题，而这个问题乃是光学危机的一个主要起因。有时，非常规研究所特有的那种较为松散的做法会产生一个候选范式，后者起初完全无助于解决引发危机

---

[11]　关于量子理论所造成的问题，参见 F. Reiche, *The Quantum Theory* (London, 1922), chaps. ii, vi-ix。关于本段中的其他例子，参见本章先前的一些注释。

的那些问题。这时就必须到该领域的其他部分去寻找证据，就像经常发生的那样。在那些其他领域，如果新范式在旧范式盛行时能够预言完全出乎预料的现象，那么就能提出极具说服力的论证。

例如，哥白尼的理论暗示，行星应当像地球，金星应当显示出位相，宇宙必定比之前认为的大得多。结果在他去世 60 年后，望远镜突然显示了月球上的山脉、金星的位相以及以前不
154 为人知的无数恒星，这些观测给新理论带来了大批改信者，特别是在非天文学家当中。[12] 在波动说的案例中，使科学家改信的一个主要缘由更加戏剧化。当菲涅耳显示圆盘阴影中心的确存在一块白斑时，法国人对波动说的抵抗立刻不复存在。这个结果甚至连菲涅耳自己也没有预料到，但起初反对他的泊松（Poisson）却表明，这是菲涅耳理论的一个必然推论（尽管显得有些荒谬）。[13] 由于这类结果具有震撼价值，也由于它们从一开始就明显没有“嵌入”新理论，所以事实表明，这类论证特别具有说服力。有时还可以利用额外的说服力，即使相关现象在能解释它的理论第一次被引入之前很久就已经被观察到。例如，爱因斯坦似乎并未预料到广义相对论可以精确地解释水星近日点运动的著名反常，而当广义相对论的确能够精确解释这

---

[12] Kuhn, *The Copernican Revolution*, pp. 219-225.

[13] E. T. Whittaker, *A History of the Theories of Aether and Electricity*, I (2d ed.; London, 1951), 108.

个反常时，他也经历了一次相应的胜利。[14]

迄今为止所讨论的关于新范式的所有论证都是基于竞争者解决问题的相对能力。对科学家来说，这些论证通常是最有意义和最具说服力的。关于它们巨大的说服力从何而来，之前的例子应该已经说得很清楚了。但出于我们稍后会谈的一些理由，这些论证对于个人或集体都不是不可抗拒的。好在还有另一种考虑可以使科学家抛弃旧范式，支持新范式。这些论证通常都没有说得完全明确，它们诉诸个人的合宜感或美感——据说新理论要比旧理论“更简洁”“更合适”或“更简单”。这些论证大概在数学中比在科学中更有效。大多数新范式的早期 155
版本都很粗糙。等到其审美上的吸引力得以全部展现，共同体中的大部分成员已经被其他方式说服。然而，审美考虑的重要性有时可能是决定性的。虽然这些考虑往往只能把少数几位科学家引向新理论，但新理论的最终胜利正是依赖于这少数几个人。倘若他们不是出于非常个人的理由很快接受了它，新的候选范式也许永远不会发展到足以吸引整个科学共同体的效忠。

为了认识到这些更为主观的审美考虑为什么重要，请回忆一下范式争论所涉及的东西。一个新的候选范式首次被提出时，只能解决它所面临的少数几个问题，而且大多数解决方案

[14] 关于广义相对论的发展，参见 E. T. Whittaker, *A History of the Theories of Aether and Electricity*, II (1953), 151-180。关于爱因斯坦对这个理论与观察到的水星近日点运动精确相符的反应，参见 P. A. Schilpp (ed.), *Albert Einstein, Philosopher-Scientist* (Evanston, Ill., 1949), p. 101 所引的信件。

都还远不完美。在开普勒之前，哥白尼理论几乎没有改进托勒密对行星位置的预测。当拉瓦锡把氧气看成“完全就是空气本身”时，他的新理论根本无法解决新气体的激增所引出的问题，而这正是普里斯特利在其反击中大为成功之处。像菲涅耳的白斑那样的例子是极为罕见的。一般说来，只有在很久以后，在新范式得到发展、接受和利用之后，具有明显决定性的论证才会被提出来——比如傅科摆证明地球在自转，或者斐索实验表明光在空气中的运动比在水中更快。产生这些论证是常规科学的一部分，其作用不在范式争论中，而在革命以后的教科书中。

在那些教科书写成之前、范式争论仍在进行之时，情况非常不同。新范式的反对者们通常可以正当地宣称，即使在危机领域，新范式也并不优于传统范式。当然，新范式对某些问题处理得更好，也能揭示出一些新的规律性，但仍有可能对旧范式加以阐述，从而应对这些挑战，就像以前应对其他挑战一样。第谷·布拉赫的地心天文学体系以及后来各种版本的燃素
156 理论都是对新的候选范式所提出挑战的回应，而且都很成功。[15]此外，传统理论和程序的捍卫者几乎总能指出其新对手尚未解决的一些问题，而这些问题在他们看来根本就不是问题。在水的构成被发现之前，氢的燃烧是支持燃素理论、反对拉瓦锡理

[15] 关于在几何上与哥白尼体系完全等价的第谷·布拉赫的体系，参见 J. L. E. Dreyer, *A History of Astronomy from Thales to Kepler* (2d ed.; New York, 1953), pp. 359-371。关于燃素理论的最后几个版本及其成就，参见 J. R. Partington and D. McKie, “Historical Studies of the Phlogiston Theory”, *Annals of Science*, IV (1939), 113-149。

论的强有力论据。而且在燃烧氧化理论成功之后，它仍然无法解释为何由碳可以制备出可燃气体，燃素理论家曾经指出，这个现象是对其观点的强有力支持。[16] 事实上，即使在危机领域，论证和反驳有时也几乎旗鼓相当。而在危机区域之外，传统范式常常会占据优势。哥白尼摧毁了关于地球运动的一种历史悠久的解释，但并没有取而代之；牛顿对关于重力的传统解释、拉瓦锡对金属的共同性质等也都是如此。简而言之，如果新的候选范式从一开始就由那些只考察相对解题能力的人来评价，那么科学就不会发生什么重大革命。再加上我们前面所谓范式的不可公度性所产生的反驳，科学可能根本就不会发生革命了。

但范式争论实际上并非关于相对的解题能力，尽管通常有很好的理由用这些术语来表达它们。问题其实在于，未来的研究应由哪个范式来指导，在这些研究中，有许多问题是目前的竞争者尚不敢自称可以完全解决的。需要在这些不同的科学研究方式中作出选择，而且这种选择必须主要基于未来的前景，而不是过去的成就。在早期阶段就支持新范式的人必须常常无
视解题所提供的证据。也就是说，他必须相信新范式能够成功 157
地解决它所面临的许多大问题，只知道旧范式已经无法解决其中一些问题。作出这样的决定只可能基于信念。

---

[16] 关于氢所引出的问题，参见 J. R. Partington, *A Short History of Chemistry* (2d ed.; London, 1951), p. 134。关于一氧化碳，参见 H. Kopp, *Geschichte der Chemie*, III (Braunschweig, 1845), 294-296。

这也是为什么在先的危机如此重要的一个原因。没有经历过危机的科学家很少会放弃解题的铁证，而去追随那些可能很容易证明而且会被广泛视作虚幻不实的东西。但仅有危机是不够的。相信某个候选范式还必须有基础，尽管这个基础不必是理性的或绝对正确的。必须有某些东西至少让一些科学家觉得新提议的方向是正确的，有时只有个人的和难以言喻的审美理由才能做到。有的时候，虽然大多数可以言喻的技术论据都指向其他方向，但还是有人因为这些理由而改信。无论是哥白尼的天文学理论，还是德布罗意（De Broglie）的物质理论，刚刚问世时都没有其他许多吸引人的地方。即使在今天，爱因斯坦的广义相对论也主要基于审美上的理由吸引人，而在数学领域之外，很少有人感受得到这种吸引力。

这并不是说，新范式最终要通过某种神秘的审美才能取得胜利。恰恰相反，很少有人会仅仅因为这些理由而抛弃一个传统。事实证明，真的这样去做的人往往会误入歧途。但一个范式要想取得胜利，必须获得一批最初的拥护者，这些人会把它发展到无懈可击的论证可以不断产生和增加的地步。即使出现了这些论证，其中某一个也不能起决定性作用。因为科学家是明事理之人，总有某个论证最终会说服许多人。但没有哪个单一的论证能让或应该让所有人信服。实际发生的并不是整个群体改信，而是专业效忠度的分布在日益发生变化。

起初，新的候选范式可能只有极少数支持者，有时这些支持者的动机也很可疑。但他们如果真有能力，就会去改进它，

探究其可能性，表明属于由它指导的共同体会是什么样子。这 158
样发展下去，如果这个范式注定会获胜，支持它的论证的数量和说服力就会增加。于是会有更多科学家改信，对新范式的探索也将继续下去。渐渐地，基于这个范式的实验、仪器、论文、著作的数量都会倍增。更多的人会相信新观点的有效性，他们会用新的方式来研究常规科学，直到最后只留下少数几位年长者拒不退让。但即使是他们，我们也不能说是错的。虽然历史学家总能找到几个人（例如普里斯特利）几乎不讲道理地顽抗到底，但他找不到一个点，在那一点上这种抵抗成为不合逻辑或不科学的。他最多只能说，在整个专业都改信之后仍然继续抵抗的人，事实上已经不再是科学家了。

第十三章　通过革命而进步

159 至此，我已经对科学发展作了尽可能纲要式的描述。但根据之前所述还不足以给出结论。如果这种描述果真把握了科学持续演化的本质结构，那它同时也会引出一个特别的问题：为什么前面概述的事业能以不同于艺术、政治理论或哲学的方式稳步前进？为什么几乎只有我们所谓的科学活动才有进步可言？对于这些问题，最常见的回答已为本书主体所否定。在本书的最后，我们必须追问能否找到替代品。

我们立刻注意到，这个问题有一部分完全是语义学的。“科学”一词在很大程度上是留给那些的确以明显的方式进步的领域的。这一点最清晰地表现在关于某一门当代社会科学究竟是不是科学的屡见不鲜的争论中。在我们今天毫不犹豫地称之为科学的领域，在前范式时期也会有类似的争论。其表面上的议题从头到尾都是这个令人烦恼的术语的定义。例如有些人指出，心理学之所以是一门科学，是因为它具有如此这般的特征。另一些人则反驳说，要使某个领域成为一门科学，那些特
160 征既非必要，也不充分。这些争论往往耗费了巨大精力，激起了很高热情，但局外人根本弄不清楚这是为什么。能这么依赖

于“科学”的**定义**吗？定义能告诉一个人他是不是科学家吗？如果可以，为什么自然科学家或艺术家不为这个术语的定义操心呢？人们不可避免会怀疑，所争论的议题要更为基本。也许以下这些才是真正在问的问题：为什么我这个领域没有像（比如说）物理学那样向前发展呢？技巧、方法或意识形态上要发生怎样的改变才能使它这样发展呢？然而，这些问题并不是对定义达成一致意见就能解决的。此外，如果借鉴自然科学的先例，要使这些问题不再令人烦恼，并不在于找到一个定义，而在于怀疑自身地位的群体对过去和现在的成就达成了共识。例如，经济学家要比其他社会科学领域的研究者更少争论他们的领域是不是科学，这也许是意味深长的。这是因为经济学家知道什么是科学，抑或因为他们达成共识的是经济学？

这个论点有个逆命题，它虽然不再单纯是语义学的，但也许有助于显示我们的科学观与进步观之间的密切关联。许多个世纪以来，无论在古代还是在现代早期的欧洲，绘画都被看成**唯一**具有累积性的学科。那时，人们认为画家的目标是再现。像普林尼（Pliny）和瓦萨里（Vasari）这样的批评家和历史学家，那时都怀着敬意记录了从透视收缩到明暗对照的一系列发明，这些发明使自然有可能得到越来越完善的再现。[1] 但同样在那时，特别是在文艺复兴时代，人们感觉不到科学与艺术之间有

[1]　E. H. Gombrich, *Art and Illusion: A Study in the Psychology of Pictorial Representation* (New York, 1960), pp. 11-12.

什么鸿沟。许多人都能在直到后来才有截然区分的领域之间来回游走，达·芬奇仅仅是其中一位。[2] 此外，即使在这种持续
161 交流停止之后，“艺术”一词也仍然既被用于绘画和雕塑，也被用于技术和工艺，后者也被认为在进步。只有当绘画和雕塑明确放弃以再现为目标，开始重新向原始模型学习时，我们今天认为理所当然的那种鸿沟才达到目前的深度。即使在今天，容我再次转换领域，我们之所以难以看到科学与技术之间的深刻差异，必定与进步是这两个领域共同的明显属性有关。

然而，认识到我们倾向于把任何有进步特征的领域都看成科学，只能澄清而不能解决我们目前的困难。还有一个问题需要回答：为什么进步是以本书所描述的技巧和目标来从事的事业中一个如此显著的特征？事实证明，这个问题其实包含好几个问题，我们需要分开来考虑。但除了最后一个，其他所有问题的解答都部分依赖于把我们关于科学活动与科学共同体之间关系的常规看法颠倒过来。我们必须学着把通常认为的结果看成原因。只要能这样做，“科学进步”乃至“科学客观性”这样的短语就可能显得有些冗赘了。事实上，我们刚才已经说明了这种冗赘的一个方面。一个领域是因为科学才会取得进步，还是因为取得进步才是科学？

---

[2] E. H. Gombrich, *Art and Illusion: A Study in the Psychology of Pictorial Representation* (New York, 1960), p. 97, and Giorgio de Santillana, “The Role of Art in the Scientific Renaissance”, in *Critical Problems in the History of Science*, ed. M. Clagett (Madison, Wis., 1959), pp. 33-65.

那么，像常规科学这样一种事业为什么会进步呢？我们先来回想它的一些最显著的特征。在通常情况下，成熟的科学共同体的成员根据单一的或一组密切相关的范式进行研究。不同的科学共同体很少研究同样的问题。在那些例外情况下，不同群体拥有几个共同的主要范式。但从任一共同体——无论是否由科学家组成——内部来看，成功的创造性工作的结果**就是**进步。不是进步还能是什么呢？例如，我们刚才指出，艺术家以再现为其目标时，批评家和历史学家都记录了这个表面上统一的群体所取得的进步。其他创造性领域也显示了同样类型的进步。详细阐述教义的神学家或完善康德绝对律令的哲学家都 162
对进步有所贡献，即使只对与之有共有前提的群体而言才是进步。任何富有创造性的学派都不会认为有这样一类工作：它一方面是创造性的成功，另一方面却对该群体的集体成就无所增益。如果我们像许多人一样怀疑非科学领域是否会取得进步，那并非因为个别学派毫无进步，而必定是因为总是存在着相互竞争的学派，每个学派都在不断质疑其他学派的基础。例如，认为哲学没有进步的人会强调仍然存在着亚里士多德主义者，而不会强调亚里士多德的学说没有进步。

然而，这些关于进步的怀疑在科学中也会产生。在整个前范式时期，存在着许多相互竞争的学派，此时很难找到进步的证据，除非是在学派内部。第二章曾说，在这一时期，许多人在从事科学研究，但他们的成果并没有累积成我们所理解的科学。再如，在革命时期，一个领域的基本信条再度成为争论对象，人们常常怀疑，如果采用某个对立的范式，是否还可能有持续的进步。拒绝接受牛顿理论的人宣称，它对固有的力的依赖使科学重新回到了黑暗的中世纪。反对拉瓦锡化学的人主张，抛弃传统的化学“要素”而支持实验室的元素，就等于抛弃了那些用空名来逃避困难的人所作的化学解释。爱因斯坦、玻姆（Bohm）等人反对占据主导地位的量子力学概率诠释，也是源于一种表达得更加温和的类似感受。简而言之，只有在常规科学时期，进步才显得既明显又有把握。然而在那些时期，科学共同体不可能以其他方式看待其研究成果。

于是，就常规科学而言，对进步问题的一部分答案纯粹取决于观者的视角。科学进步与其他领域中的进步并无本质不
163 同，但在大多数时候，由于没有相互竞争的学派在质疑彼此的目标和标准，所以看到常规科学共同体的进步要容易得多。但这只是答案的一部分，而且绝不是最重要的部分。例如，我们已经指出，一旦接受一个共同的范式，科学共同体就无须经常重新考察它的基本原理，其成员就能完全专注于它所关心的最复杂、最深奥的现象。这的确不可避免会提升整个群体解决新问题的效力和效率。在科学中，职业生活的其他方面进一步增强了这种非常特殊的效率。

在这些方面当中，有一些是隔离造成的——成熟的科学共同体与业外人士和日常生活需求之间独有的隔离。当然不是百分之百隔离，我们这里讨论的是程度问题。但没有任何其他专业共同体能像科学共同体这样，个人的创造性工作只向这

个专业的其他成员提出，而且只由他们评价。即使是最晦涩的
诗人或最抽象的神学家，也远比科学家更关心业外人士对其创
造性工作的认可，虽然他可能不那么关心一般意义上的认可。
事实证明，这种差异产生了重要后果。正因为他只为共有其价
值和信念的同事们工作，所以科学家能把一套标准视为理所当
然。他无须担心另一个群体或学派会怎样想，因此相比于为一
个更异质的群体工作的那些人，他能更快地解决一个又一个问
题。更重要的是，科学共同体与社会的隔离使科学家能把注意
力集中到他有充分理由相信自己能够解决的问题上去。与工程
师、许多医生和大多数神学家不同，科学家无须选择那些亟待
解决的问题，也不必考虑是否有合适的工具来解决问题。在这
方面，自然科学家与许多社会科学家之间的对比同样很有启发
性。社会科学家往往倾向于通过解答的社会意义来为他们选择 164
某个研究问题作辩护，例如种族歧视的影响或经济周期的原
因，但自然科学家几乎从不这么做。那么，你会期望哪个群体
能以更快的速度解决问题呢？

专业科学共同体的另一个特征大大强化了与更大社会隔离的结果，那就是其教育启蒙的本质。在音乐、美术和文学中，实践者是通过置身于其他艺术家尤其是之前艺术家的作品中而得到教育的。除了原创作品的概要或手册，教科书只扮演次要角色。在历史、哲学和社会科学中，教科书就更重要了。但即使在这些领域，初等大学课程也会使用类似的原著选读，其中一些是该领域的“经典”，另一些则是写给同行看的当代研究报

告。结果，这些学科中的学生会逐渐了解其未来群体的成员一直试图解决的各种问题。更重要的是，对于这些问题，他经常面临一些相互竞争且不可公度的解答，并且最终必须自己作出评价。

可以把这种情形与至少是当代自然科学的情形作一对比。在这些领域，学生主要依靠教科书，直到研究生的第三年或第四年才开始自己的研究。许多科学课程甚至并不要求研究生去读那些并非专为学生写的书。有极少数课程的确指定了一些研究论文和专著作为补充读物，但也只限于最高级的课程和基本没有现成教科书可用的课程。在科学家教育的最后阶段以前，教科书系统地取代了造就它们的那些创造性的科学文献。使这种教育技巧成为可能的正是对其范式的信心，也正是由于这种信心，很少有科学家愿意改变这种技巧。毕竟，在许多最新的
165 教科书中，学物理的学生需要知道的一切都以更为简洁、精确和系统的形式得到重述，他又何必要读牛顿、法拉第、爱因斯坦或薛定谔的著作呢？

我并不想为这种类型的教育有时会拖得太长作辩护，但我们不得不注意到，它总体上是极为有效的。当然，这种教育的狭窄和死板，任何其他教育都无法与之相比，也许只有正统神学除外。但对于常规科学工作，即教科书所界定的传统中的解谜题而言，科学家可以说是装备精良、训练有素。此外，他对另一项任务也有充分准备，那就是通过常规科学产生重大危机。当然，危机出现时，科学家并未做好同样的准备。即使长

期的危机也许在不那么死板的教育实践中有所反映，科学训练也不是为了造就轻易就能发现全新进路的人而精心设计的，但只要有人——通常是年轻人或该领域的新手——提出一个新的候选范式，死板的教育所导致的损失就只会落在个人身上。在改变范式所需的一代人时间里，个人的死板与一个共同体在必要时作范式转换之间是相容的，特别是，这种死板为共同体提供了一个敏感的指示器，显示有什么地方不对劲了。

于是，常规状态下的科学共同体是解决其范式所规定的问题或谜题的极为有效的工具。此外，解决这些问题的结果必然是进步。这些都不是问题。然而，这却使科学进步问题的第二个主要部分显得更加突出，我们现在就来讨论它，即通过非常规科学取得进步。为什么进步似乎总是伴随着科学革命呢？再一次地，如果追问革命还能产生什么结果，我们可以学到很多东西。革命以两个对立阵营之一的全面胜利而告终。这个阵营会说它胜利的结果不是进步吗？那样说就等于承认自己错了，
而对方是对的。对他们来说，革命的结果必须至少是进步， 166
而且他们占据着有利的地位，以确保其共同体的未来成员会以同样的方式看待过去的历史。第十一章详细描述了完成这项工作的技巧，我们也刚刚提到专业科学生活的一个密切相关的方面。当科学共同体抛弃一个过去的范式时，它也同时抛弃了体现这个范式的大多数书和论文，不再将它们看作专业检查的恰当对象。科学教育没有使用艺术博物馆或经典文库那样的东西，因此有时会极度扭曲科学家对其学科历史的理解。与其他

创造性领域的实践者相比，科学家更会把本学科的过去看成朝着它目前的有利地位直线前进。简而言之，把它看成进步。只要身处这个领域，就不会有其他看法。

这些说法不免会让人联想起，成熟的科学共同体的成员就像奥威尔（Orwell）《1984》中的典型角色那样是掌权者改写历史的牺牲品。这种联想并非完全不当。科学革命有失也有得，科学家往往对前者尤为视而不见。[3] 另一方面，对通过革命而进步的解释不能就此止步。那样做就意味着，科学中强权即公理。这样说不能说全错，但它掩盖了这个过程以及在范式之间作出选择的权威的本质。如果对范式争论作出裁决的仅仅是权威，尤其是非专业的权威，那么这些争论的结果仍然可以是革命，但不会是**科学**革命。要使科学存在，需要把范式之间的选
167 择权授予一种特殊的共同体的成员。为了科学的存续和发展，从人类对科学事业的坚持是多么脆弱，就可看出这种共同体有多么特殊。我们记录的每一种文明都拥有技术、艺术、宗教、政治制度和法律等等。在许多文明中，这些方面的发达程度已经与我们不相上下。但只有源于古希腊的文明才拥有超越最原始阶段的科学。大部分科学知识都是欧洲近四个世纪的产物。这种能够产生科学的特殊共同体未见于其他地点和时间。

这些共同体的本质特征是什么？显然，这还需要作更多

[3] 科学史家们常常会特别显著地遇到这种盲目。在上他们课的学生当中，主修科学的学生往往最有收获。但开始时，他们通常也最让人沮丧。由于学科学的学生“知道正确答案”，要他们用一门旧科学自己的概念来分析这门科学尤其困难。

的研究。在这个领域，目前只能作一些极具尝试性的概括。不过，要想成为一个专业科学群体的成员需要满足哪些必要条件，应当已经非常清楚了。例如，科学家必须致力于解决有关自然行为的种种问题。此外，他对自然的关注在范围上可以是整体性的，但实际研究的必须是细节问题。更重要的是，让他满意的解答不能仅仅是个人的，还必须得到许多人的认可。接受这些解答的群体不能是任意组成的一群人，而必须是由专业的科学家同行所组成的明确界定的共同体。科学生活中最强有力的原则之一（即使未见诸文字）就是，在科学事务上禁止诉诸政治领袖或一般大众。承认存在着一个具有独一无二能力的专业群体，承认它是专业成就的唯一仲裁者，还有更进一步的含义。该群体的成员，作为个人并通过其共同的训练和经验，必须被视为游戏规则（或某种等价的基础，以作出明确判断）的唯一拥有者。怀疑他们共有某个这样的评价基础，就等于承认科学成就有不相容的评价标准。这种承认势必会引出一个问题：科学中是否有统一的真理。

科学共同体所共有的这些为数不多的特征完全是从常规 168
科学实践中得出的，事实上也本应如此。科学家通常接受训练，正是为了从事这样的活动。但请注意，虽然我们所列出的特征为数不多，但已经足以把这种共同体与所有其他专业群体区别开来。此外还要注意，虽然这些特征源自常规科学，但也能解释该群体在革命期间，尤其是范式争论期间的反应的许多特征。我们已经指出，这种群体必定会把范式改变看成进步。

现在我们也许认识到，这种觉察在一些重要方面是自我实现的（self-fulfilling）。科学共同体是一种极为有效的工具，可以使通过范式改变来解决的问题在数量和精确性上达到最大。

由于科学成就的单元是得到解决的问题，而且科学共同体很清楚哪些问题已经得到解决，所以很难说服科学家采用一种使许多已解决的问题重新受到置疑的新观点。自然本身必须先让以前的成就显得成问题，以破坏专业上的安全感。此外，即使这种情况发生了，新的候选范式也出现了，科学家也仍然不愿接受它，除非确信能够满足两个非常重要的条件：首先，新范式必须看起来能够解决某个用其他方式无法解决的著名的、广为人知的问题；其次，新范式必须有望保留科学通过旧范式积累起来的大部分具体解题能力。与其他许多创造性领域不同，在科学中，为了求新而求新并非必需。结果，新范式虽然很少或从未拥有旧范式的所有能力，但通常保留了过去成就的许多最具体的部分，而且总能容许有额外的具体问题的解。

这样说并非暗示解题能力是范式选择的唯一根据或明确
169 根据。我们已经指出许多理由，表明不可能存在那种标准。但它的确暗示，科学专家共同体会极力确保它所能精确细致处理的资料持续增长。在这个过程中，共同体不免会遭受损失。一些老问题往往必须抛弃。此外，革命常常使共同体的专业关注范围变窄，专业化程度增加，与其他（无论是否是科学的）群体的交流减少。科学在深度上虽然一定会发展，在广度上却未必。即使在广度上有所发展，那也主要表现为科学专业的激增，而不是任一专业范围的扩大。然而，虽然个别共同体会有这样那样的损失，但这种共同体的本质几乎已经保证，科学所能解决的问题数量以及解答的精确性都会不断增长。至少，共同体的本质提供了这样一种保证（如果真能提供的话）。还有什么标准能比科学群体的决定更好呢？

如何更好地解决科学进步问题呢？以上几段给出了我的看法。它们也许暗示，科学进步并不像我们曾经认为的那样，但同时也表明，只要科学事业继续存在，它就不可避免要用某种进步来刻画。在科学中，并不需要其他种类的进步。说得更确切一些，我们可能不得不抛弃这样一种或显或隐的想法：范式的改变使科学家以及向其学习的人越来越接近真理。

现在我们注意到，在本书中，直到前几页，“真理”一词只在培根的一句引语中出现过。即使在前几页，它也只是作为科学家一个信念的来源，这个信念就是：从事科学时，不相容的规则不可能共存，除非是在革命时期，此时整个专业的主要任务是罢黜百家、定于一尊。本书所描述的发展过程是一个**从**原始开端**出发**的演化过程，其各个阶段的典型特征是对自然的理解越来越详尽和完善。但无论是已经说的还是将要说的，都不 170
能使它成为一个**朝向**某种东西的演化。这种说法必定会让许多读者感到困惑，因为我们都习惯于认为，科学事业会不断趋近自然预先设定的某个目标。

但需要有这样的目标吗？我们把科学看成从科学共同体在

某一时间的知识状态出发的演化过程，难道就不能解释科学的存在和成功吗？设想存在着一种完整、客观、正确的对自然的解释，并认为对科学成就的正确衡量就是它在多大程度上使我们接近了这个终极目标，这真的有帮助吗？如果能够学会用“从已知出发的演化”来取代“朝着我们希望知道的去演化”，一些令人困扰的问题便可能消失。例如，归纳问题就必然位于这个迷宫中的某处。

这种不同的科学进展观会产生哪些后果，我还无法详细指明。但它有助于认识到，我这里所建议的概念转换非常接近于一个世纪以前西方发生的那次概念转换。它之所以特别有帮助，是因为两者都面临同样的转换障碍。1859 年达尔文首次发表以自然选择为机制的演化理论时，最让许多专业人士困扰的既不是物种变化的观念，也不是人可能是猿的后裔。指向演化的证据，包括人的演化，当时已经累积几十年了，以前就有人提出过演化的观念，并且广为流传。虽然演化本身确实遇到了抵抗，特别是某些宗教群体的抵抗，但这绝非达尔文主义者面对的最大困难。最大的困难可以说是源自达尔文独具匠心的一个想法。在达尔文之前，所有著名的演化理论——拉马克（Lamarck）、钱伯斯（Chambers）、斯宾塞（Spencer）以及德国“自然哲学家”（*Naturphilosophen*）的演化理论——都认为演化是一个有目标指向的过程。人的“理念”和当代动植物的“理念”被认为从初创生命时就已经存在了，或许存在于上帝的心灵中。那个理念或计划为整个演化过程提供了方向和指

导力量。演化发展的每一个新阶段，都是对这个原始计划更 171
完美的实现。[4]

在许多人看来，废除这种目的论式的演化，是达尔文理论中最重要也最让人吃不消的部分。[5]《物种起源》不承认由上帝或自然设定的任何目标。之所以会缓慢而持续地出现更为复杂、精致和特化的生物，乃是因为在特定环境中和在既有生物之间起作用的自然选择。即使像人的眼睛和手这样精巧的器官——这些器官的设计曾经为一个至高的创造者和预先计划的存在提供了强有力的论证——也都产生于一个**从**原始开端**出发**稳步前进，但绝不**朝向**任何目标的过程。自然选择不过是生物之间生存竞争的结果，相信自然选择能产生人和高等动植物，这是达尔文理论中最困难也最令人困扰的方面。如果没有一个特定的目标，“演化”“发展”和“进步”这些词究竟是什么意思呢？对许多人来说，这些词突然显得自相矛盾了。

将生物的演化与科学观念的演化联系起来的类比很容易显得牵强。但对于这最后一章的议题而言，这个类比却近乎完美。第十二章描述的革命的解决之道，正是通过科学共同体内部的冲突，选出从事未来科学的最适宜的道路。一连串这样的革命选择被常规研究时期所隔开，其净结果便是一套极为精巧

[4] Loren Eiseley, *Darwin's Century: Evolution and the Men Who Discovered It* (New York, 1958), chaps. ii, iv-v.

[5] A. Hunter Dupree, *Asa Gray, 1810-1888* (Cambridge, Mass., 1959), pp. 295-306, 355-383 特别深刻地论述了一位著名的达尔文主义者与这个问题的角力过程。

的工具，即我们所谓的现代科学知识。这一发展过程中的相继阶段以阐述得越来越清楚和越来越专业化为标志。整个过程也许已经发生，就像我们现在认为的生物演化那样，没有一个事
172 先设定的目标，即一种永恒不变的科学真理，科学知识发展的每一个阶段都是它更好的范例。

看到这里，读者恐怕会问，这样的演化过程何以能够进行呢？为使科学成为可能，包括人在内的自然必须是什么样子？为什么科学共同体能够达成在其他领域无法达成的共识？为什么一次又一次范式改变之后，这种共识仍然能够持续？为什么范式改变总会产生一种在任何意义上都比以前更完善的工具？从一种观点看，除了第一个问题，其余问题都回答过了。但从另一种观点看，这些问题仍然和本书开篇时一样悬而未决。不仅科学共同体必然是特殊的，共同体所属的那个世界也必然具有非常特殊的特征，而我们并不比开始时更了解这些特征必定是什么。然而，“这个世界必须是什么样子，人才可能了解它？”这个问题并非本书的创造。恰恰相反，它和科学本身一样古老，而且仍然没有答案。但也不需要在这里回答。任何与科学的发展相容的自然观，都与这里提出的科学演化观相容。因为这种演化观也与对科学生活的仔细观察相容，我们不妨用它来尝试解决那些仍然存在的问题。

后记——1969

本书问世至今已近七年。[1] 在此期间，批评者的反应和我 173
本人的进一步研究都增进了我对本书引发的一些议题的理解。我的基本观点几乎没有变，但我现在认识到，其最初表述的某些方面导致了不必要的困难和误解。其中一些误解是我自己造成的，所以清除它们将使我有所长进，最终为本书的新版提供基础。[2] 与此同时，我很高兴有这个机会对所需的修订作一概述，对一些不断出现的批评作出答复，并披露我自己思想目前的发展方向。[3]

[1] 这篇后记最初是应我曾经的学生和老友，东京大学的中山茂（Shigeru Nakayama）博士的建议而写，以收入他翻译的本书日文版。感谢他的这个建议，以及耐心等待本文完成，并惠允收入英文版。

[2] 对于这一版，我并未尝试作系统性的重写，仅改正了少数几个排印错误以及两段话中的错误。其中一段话在 pp. 30-33，描述的是牛顿《自然哲学的数学原理》在 18 世纪力学发展中的作用。另一段在 p. 84，讨论的是对危机的反应。

[3] 另一些想法可参见我最近的两篇论文："Reflection on My Critics", in Imre Lakatos and Alan Musgrave (eds.), *Criticism and the Growth of Knowledge* (Cambridge, 1970), and "Second Thoughts on Paradigms", in Frederick Suppe (ed.), *The Structure of Scientific Theories* (Urbana, Ill., 1974)。接下来引用时，我将把第一篇论文简称为"Reflections"，把收入这篇论文的书简称为 *Growth of Knowledge*；把第二篇论文简称为"Second Thoughts"。

174 本书的几个关键困难都与范式概念有关，我就从这些困难开始谈起。[4] 在接下来这一节，我提出最好是把范式概念与科学共同体概念分离开来，并且指出如何做到这一点，然后讨论这种分析性的分离所导致的一些重要后果。接着我会讨论，如何通过考察一个**业已确定的**科学共同体的成员的行为来寻求范式。这一程序很快就会揭示，在本书中，我们很多时候都是在两种不同的意义上使用“范式”一词。一方面，它代表某个共同体的成员所共有的整个信念、价值、技巧等；另一方面，它又意指那个整体中的一类要素，即具体的谜题解答，把它们用作典范或范例，可以取代明确的规则作为解决常规科学其余谜题的基础。这个词的第一种意义（可称之为社会学意义）是第二节的主题，第三节则讨论范式作为示范性的往昔成就。

至少从哲学上讲，“范式”的第二种意义更加深刻，我以这个意义所作的断言是本书引起争论和误解的主要来源，特别是指责我把科学刻画成一种主观的非理性事业的主要来源。这些议题将在第四、第五节讨论。第四节指出，像“主观的”“直觉的”这类词并不适合描述隐含在共有范例中的知识成分。虽然这些知识无法用规则和标准来释义，否则必然会发生本质变
175 化，但它们是有系统的、经得起时间考验的，以及在某种意义

[4] 关于我对范式的最初表述，最有力的批评是 Margaret Masterman, “The Nature of a Paradigm”, in *Growth of Knowledge*, and Dudley Shapere, “The Structure of Scientific Revolutions”, *Philosophical Review*, LXXIII (1964), 383-394。

上可修正的。第五节把这一论点用于两个不相容理论之间的选择问题，并且在简要的结论中强调，持不可公度观点的人应被视为不同语言共同体的成员，他们之间的交流问题应被当作翻译问题来分析。最后的第六、第七节讨论剩下的三个议题。第六节讨论这样一种指责，即本书所描述的科学观是彻头彻尾相对主义的。第七节先讨论我的论证是否真如某些人所说，混淆了描述模式和规范模式，最后则简要评论了一个值得专文讨论的主题：本书的主要论点在何种程度上能够正当地用于科学以外的领域。

一、范式与共同体结构

在本书中，“范式”一词很早就出现了，其出现方式其实是循环的。范式就是科学共同体成员所共有的东西，**以及**反过来，科学共同体由共有一个范式的人所组成。并非所有循环都是恶循环（在这篇后记的结尾，我会为一个具有类似结构的论点作辩护），但这个循环却导致了许多真实的困难。我们无须事先诉诸范式，就应该能够界定出科学共同体，然后通过分析某个特定共同体的成员的行为就能发现范式。因此，如果重写本书，我会从一开始就探讨科学的共同体结构。近年来，这已成为社会学研究的一个重要主题，科学史家也开始认真看待它。初步成果（其中许多尚未发表）表明，探讨它所需的经验技巧并非无关紧要，只不过有一些是现成的，另一些肯定还需要发

展出来。[5] 如果被问及属于哪个共同体，从事研究的科学家大
176 都能够立即作出回应，他们会认为，当前的各种专业，当然应由成员资格至少大致确定的各个群体来负责。因此我要在这里假定，确认这些群体的更系统的方法一定能够找到。我将不去介绍初步的研究成果，而是简要阐述在很大程度上构成本书前几章之基础的直觉的共同体概念。这个概念现已被科学家、社会学家和一些科学史家广为接受。

根据这一观点，科学共同体由从事同一个科学专业的人所组成。他们都受过类似的教育和专业启蒙，其程度是大多数其他领域所不能及的；在此过程中，他们钻研过同样的专业文献，从中吸取了许多同样的教益。这种标准文献的范围通常会标明一个科学主题的界限，每个共同体一般都有一个自己的主题。科学中、共同体中都有学派，也就是说，它们以不相容的观点来探讨同一主题。但与其他领域相比，科学中的学派要少得多。它们总在竞争，而且竞争通常很快就会结束。结果，科学共同体的成员认为只有自己才负责追求一套共有的目标，包括训练其继承者，别人也这样看待他们。在这样的群体内部，

---

[5] W. O. Hagstrom, *The Scientific Community* (New York, 1965), chaps. iv and v; D. J. Price and D. de B. Beaver, "Collaboration in an Invisible College", *American Psychologist*, XXI (1966), 1011-1018; Diana Crane, "Social Structure in a Group of Scientists: A Test of the 'Invisible College' Hypothesis", *American Sociological Review*, XXXIV (1969), 335-352; N. C. Mullins, *Social Networks among Biological Scientists* (Ph.D. diss., Harvard University, 1966), and "The Micro-Structure of an Invisible College: The Phage Group" (paper delivered at an annual meeting of the American Sociological Association, Boston, 1968).

交流相对充分，专业判断也相对一致。另一方面，由于不同的科学共同体聚焦于不同的问题，所以不同群体之间的专业交流有时非常吃力，常常导致误解。如果继续下去，还可能引发难以预料的重大分歧。

当然，这种意义上的共同体在许多层次上都有。最全面的是所有自然科学家的共同体。在稍低层次上是主要的科学专 177
业群体：物理学家、化学家、天文学家、动物学家等共同体。就这些主要群体而言，除非是边缘人物，共同体成员的身份很容易确定。最高等级的主题、专业学会的成员资格以及所阅读的期刊，通常已经足以确定一个共同体。类似的技巧也可用来界定主要的子群体：有机化学家，也许还有其中的蛋白质化学家、固体物理学家和高能物理学家、射电天文学家等等。只有在再低一级的层次上才会出现经验问题。举一个当代的例子，如何在“噬菌体小组”大获赞扬之前就界定出它呢？为此，必须依靠出席专门的会议，了解论文草稿或校样在发表前的流传，特别是他们正式和非正式的交流网络，包括在通信和引证中发现的联系。[6] 我认为，至少对于当代以及较近的历史时期，这项工作是可以做而且会做的。由此通常会产生百人左右的共同体，有时人数要少得多。个别科学家，特别是那些最有才能

[6] Eugene Garfield, *The Use of Citation Data in Writing the History of Science* (Philadelphia: Institute of Scientific Information, 1964); M. M. Kessler, “Comparison of the Results of Bibliographic Coupling and Analytic Subject Indexing”, *American Documentation*, XVI (1965), 223-233; D. J. Price, “Networks of Scientific Papers”, *Science*, CIL (1965), 510-515.

的，通常会同时或先后属于若干个这样的群体。

这种共同体就是本书中所说的生产和批准科学知识的单元。范式就是这些群体的成员所共有的东西。如果不考虑这些共有要素的本质，本书前面描述的科学的许多方面就几乎无法理解。但其他方面却可以，虽然本书并未单独探讨它们。因此在直接转到范式之前，不妨注意一些只需考虑共同体结构的问题。

其中最引人注目的问题也许是我所说的，一个科学领域在
178 发展过程中从前范式时期到后范式时期的转变。本书第二章所概述的正是这种转变。在它发生之前，有若干学派正在争相统治某个领域。此后，随着某个著名科学成就的出现，学派数量大为减少，通常只剩下一个，一种更加有效的科学实践模式开始了。这种模式一般来说只有内行才懂，并以解谜题为主要任务，这只有在该群体的成员把其领域的基础视为理所当然时才能进行。

这种朝着成熟转变的本质理应得到比本书更为充分的讨论，特别是那些涉及当代社会科学发展的讨论。为此我们不妨指出，这种转变不需要（我现在认为也不应该）与初次获得一个范式联系起来。所有科学共同体的成员，包括“前范式”时期的各个学派，都共有被我统称为“一个范式”的各种要素。随着这种转向成熟而发生改变的不是范式的出现，而是范式的本质。只有发生这种改变之后，常规的解谜题研究才有可能。因此，一门成熟科学的许多属性，我以前将其与获得一个范式

相联系，现在则把它们当作获得这样一种范式的结果来讨论，这种范式能够鉴别具有挑战性的谜题，提供解谜题的线索，并且保证真正聪明的解谜题者会取得成功。只有那些勇于指出其自身领域（或学派）有范式的人才可能感觉到，一些重要的东西因为那种转变而牺牲掉了。

第二个问题至少对历史学家更重要，它涉及本书将科学共同体与科学主题暗中一一对应起来。例如，我经常表现得就好像“物理光学”“电学”和“热学”因为确实指称研究主题，所以就必然指称科学共同体似的。本书所允许的唯一不同的解释似乎就是，所有这些主题都属于物理学共同体。但正如我的科
学史同事们已经反复指出的，这种对应通常是经不起考察的。 179
例如，在 19 世纪中叶以前并不存在物理学共同体，它是两个以前独立的共同体，即数学和自然哲学（在法国被称为“实验物理学”[*physique expérimentale*]）的一部分后来结合而成的。今天属于一个广泛共同体的主题，过去则以不同方式分散在不同的共同体之中。而其他较为狭窄的主题，例如热学和物质理论，则早已存在，而没有成为任一科学共同体的专门领域。不过，常规科学和革命都是以共同体为基础的活动。为了发现和分析它们，必须首先厘清各门科学不断变化的共同体结构。一个范式首先支配的不是一个主题，而是一群研究者。要想了解受范式指导或动摇范式的研究，就必须先确定负责的群体。

一旦以这种方式来分析科学的发展，一些曾是批评家关注焦点的困难便可能消失。例如，一些评论者用物质理论来表明

我过分夸大了科学家在效忠范式方面的一致性。他们指出，直到最近，那些理论也仍然是持续争论和分歧的主题。我同意这种描述，但不认为它是反例。至少在 1920 年以前，物质理论并不是任何科学共同体的专门领域或主题，而是许多专家群体的工具。不同共同体的成员有时会选择不同的工具，批评其他共同体所作的选择。更重要的是，物质理论并非单一共同体的成员必须取得共识的那种主题。达成共识的需要取决于共同体在做什么。19 世纪上半叶的化学就是这样一个例子。虽然由于道
180 尔顿的原子论，共同体的一些基本工具（定比、倍比和化合量）已成为公共所有物，但在此之后，化学家仍然可以用这些工具来作研究，而不同意原子的存在，有时态度还很激烈。

我相信，另一些困难和误解也会以同样的方式消解掉。部分是因为我所选择的例子，部分是因为我没有讲清楚相关共同体的本质和大小，一些读者推断我主要关注或只关注重大革命，比如与哥白尼、牛顿、达尔文或爱因斯坦相联系的那些革命。然而，更清楚地描绘共同体的结构，会有助于强化我试图创造的完全不同的印象。在我看来，革命是一种特殊的改变，涉及群体信念的某种重建。但它未必是很大的改变，在一个也许不到 25 人的共同体之外的人看来也不必具有革命性。正因为这种类型的改变（在科学哲学文献中几乎未被注意或讨论）经常这样小规模地发生，革命性改变而不是累积性改变，才如此需要被理解。

与前一修正密切相关的最后一个修正也许有助于方便这

种理解。一些批评者怀疑，危机——共同察觉到有些事情不对劲——是否像我在本书中暗示的那样总是发生在革命之前。然而，我的论证基本上并不依赖于“危机是革命的一个绝对必要的先决条件”；危机通常只需要作为序幕，即提供一种自我纠正的机制，以确保死板的常规科学不会永远不受挑战。革命也可由其他方式引发，不过我认为这种例子极少。我还想指出，缺乏对共同体结构的适当讨论会掩盖什么：危机并不一定由经历危机，从而有时经历革命的共同体的工作所引发。像电子显微镜那样的新仪器或者像麦克斯韦定律那样的新定律，有可能在一个专业里发展起来，但在吸纳它们的另一个专业里却造成危机。

二、范式作为群体信念的集合 181

现在转向范式，我们要问范式可能是什么。这是本书引出的最令人费解也最重要的问题。一位和我一样确信“范式”命名了本书核心哲学要素的认真读者整理出了一份不完整的分析性索引，断言这个词在书中至少有 22 种不同用法。[7] 我现在认为，这些差异大都源于风格上的不一致（例如，牛顿定律有时是一个范式，有时是一个范式的一部分，有时又是范式性的东西），消除它们相对容易。但做了这种编辑工作之后，这个词仍

[7] Masterman, “The Nature of a Paradigm”, in *Growth of Knowledge.*

然有两种非常不同的用法，必须把它们区分开来。其中含义较广的用法是本节的主题，另一种用法则在下一节讨论。

在用刚才讨论的技巧确定了某个专家共同体之后，我们也许要问：这个共同体的成员究竟共有哪些东西，能够解释其专业交流的相对充分和专业判断的相对一致？对于这个问题，本书许可的答案是：一个范式或一组范式。但就这种用法而言，与下面讨论的用法不同，这个词并不恰当。科学家会说自己共有一个理论或一组理论，如果最终能以这种用法来重新理解这个词，我会很高兴。然而，在当今科学哲学的用法中，“理论”所意指的结构在本质和范围上远比这里所需的更为狭窄。在这个词能够摆脱目前的含义之前，为了避免混淆，我宁可使用另一个词。就目前的目的而言，我建议使用“学科基体”（disciplinary matrix）：“学科”是因为它指称从事某一特定学科的人所共有的东西，“基体”是因为它由各种类型的有序要素所组成，每一种要素都需要进一步详述。我在本书中当作范式、范式的一部分或范式性的东西的所有或大部分群体信念对象，都是学科基体的组成部分，它们本身形成了一个整体而共同起
182 作用。不过，我不再把它们当作一个整体来讨论，也不会在这里尝试列出一张详尽的清单，而是指出，学科基体成分的主要类型既可以澄清我目前研究进路的本质，同时又可以为我的下一个主要论点作准备。

有一种重要的成分，我称之为“符号概括”，我想到的是群体成员会不加怀疑或无异议地使用的一些表达式，它们很容

易用（x）（y）（z）ϕ（x, y, z）之类的逻辑形式来表达。它们都是学科基体中的形式成分或容易形式化的成分。有时它们以符号形式出现：$f=ma$ 或 $I=V/R$，其他的则通常以文字来表达，比如“元素以固定的重量比例结合”，或者“作用力等于反作用力”。若非因为这样的表达式被普遍接受，群体成员在解谜题的事业中就找不到立足点来施展其强大的数学与逻辑操作技巧。虽然分类学的例子暗示，常规科学几乎不用这样的表达式也能进行，但通常情况下，一门科学的研究者所能使用的符号概括越多，这门科学的力量似乎就越强。

这些概括看起来像是自然定律，但对于群体成员而言，其功能却常常不止于此。有时它的确是自然定律，例如焦耳－楞次定律：$H=RI^2$。发现这个定律时，共同体成员已经知道 H、R、I 代表什么，这些概括只是表明了关于热、电流、电阻行为的他们以前不知道的一些事情。但更常见的情况是，正如本书前面的讨论所指出的，符号概括同时还有第二种功能，科学哲学家在分析中常常会清晰界定这种功能。像 $f=ma$ 或 $I=V/R$ 这样的符号概括既是定律，又是其中使用的某些符号的定义。此外，其不可分的立法功能与定义功能之间的平衡会随时间而变化。我将在另一种语境下再详细分析这些论点，因为相信一个定律与相信一个定义，本质上非常不同。定律常常可以一点点修正，
而作为重言式的定义却不能。例如，接受欧姆定律要求重新定 183
义“电流”和“电阻”。如果这些术语仍然意指它们以前的含义，欧姆定律就不可能正确，这就是为什么欧姆定律会遭到极力反

对而焦耳-楞次定律却不会的原因。[8] 这种情形或许很典型。我现在猜想，所有革命都涉及抛弃之前部分功能在于重言式的一些概括。爱因斯坦究竟表明了同时性是相对的，还是改变了同时性这个概念本身？认为“同时性的相对性”包含着悖论的那些人只是错了而已吗？

接下来讨论学科基体的第二种成分，本书已经以“形而上学范式”或“范式的形而上学部分”之类的名义对它谈过许多。我想到的是共同相信这样一些信念：热是物体组分的动能；所有可感知的现象都源于中性的原子在虚空中的相互作用，源于物质和力，或源于场；等等。如果现在重写本书，我会把这些信念称为相信特定的模型，并把模型范畴进行扩展，使之也包括那些比较有启发性的种类：可以把电路看成一个稳态的流体动力学系统；气体分子的行为就像微小的弹性弹子球在作随机运动。虽然群体信念的强度各不相同，而且会引发重要后果，但所有模型——从启发式的到本体论的——都有类似的功能。例如，它们会使群体偏爱或允许某些类比和隐喻，从而有助于决定什么会被视为解释，什么会被视为谜题解答；反过来，它们也有助于决定未解决谜题的清单以及评价每一个谜题的重要
184 性。但请注意，科学共同体的成员甚至连启发性的模型也不必

[8] 关于这一事件的重要部分，参见 T. M. Brown, “The Electric Current in Early Nineteenth-Century French Physics”, *Historical Studies in the Physical Sciences*, I (1969), 61-103, and Morton Schagrin, “Resistance to Ohm’s Law”, *American Journal of Physics*, XXI (1963), 536-547。

共有，虽然他们通常会共有。我曾指出，19 世纪上半叶化学共同体的成员并不一定要相信原子存在。

学科基体中的第三种要素，这里我称之为价值。它们通常比符号概括或模型更能为不同的共同体所广泛共有，而且对于使全体自然科学家有一种共同体的感觉起了很大作用。虽然它们始终在起作用，但是当某个特定共同体的成员必须确认危机时，或者后来必须在不相容的研究方式之间作出选择时，显得特别重要。秉持最深的价值也许与预言有关：预言应当准确；定量预言比定性预言更好；无论可允许的误差有何限度，都应当始终满足某一特定领域的要求；等等。不过，也有一些价值是用来评价整个理论的：首先也是最重要的，理论必须能使谜题得以表述和解决；只要可能，理论应当简单、自洽、可信，并与当时使用的其他理论相容。（我现在认为，本书在讨论危机的起源和影响理论选择的因素时，几乎没有考虑像内在一致性和外在一致性这样的价值，这是一个弱点。）当然还有其他种类的价值，比如科学应当（或不必）对社会有用，不过前面的讨论应该已经表明我的想法了。

然而，共有价值有一个方面值得特别提及。与学科基体中其他类型的成分相比，价值可以在更大程度上被那些在价值应用上有所不同的人所共有。在一个特定的群体中，对于准确性的判断相对而言（尽管并非完全）不太因时因人而变。但对于简单性、一致性、可信性等的判断，则往往因人而有很大差异。在爱因斯坦看来，旧量子论中一个难以容忍的不一致性

使常规科学变得不可能进行，而在玻尔等人看来，则只是一个可望通过常规方法来解决的困难。更重要的是，在必须应用价
185 值的那些场合，若单独考虑不同的价值，常常会导致不同的选择。一个理论也许比另一个理论更准确，但却不那么一致或可信，旧量子论便是一例。简而言之，尽管科学家广泛共有一些价值，尽管对这些价值的深刻信念是科学的构成要素，但价值的应用有时会受到群体成员个性和经历等特征的极大影响。

对于前面各章的许多读者而言，共有价值在运作上的这个特征似乎是我的立场的一大弱点。由于我坚持认为，科学家所共有的东西并不足以使他们在一些事情上达成一致的看法，比如在相互竞争的理论之间作出选择，或者在普通的反常与引发危机的反常之间作出区分，所以我有时会被指责为赞美主观性甚至非理性。[9] 但这种反应忽视了任何领域的价值判断所显示的两个特征。第一，即使群体成员并不都以同样的方式来应用共有价值，共有价值也仍然可以是群体行为的重要决定因素。（如果不是这样，就不会有关于价值理论或美学的**特殊**哲学问题了。）在再现是一个首要价值的那些时期，人们画的画并不全都一样，而当这个价值被抛弃时，造型艺术的发展模式就发生了

[9] 特别参见 Dudley Shapere, “Meaning and Scientific Change”, in *Mind and Cosmos: Essays in Contemporary Science and Philosophy*, The University of Pittsburgh Series in the Philosophy of Science, III (Pittsburgh, 1966), 41-85; Israel Scheffler, *Science and Subjectivity* (New York, 1967)，以及卡尔·波普尔爵士和伊姆雷·拉卡托斯在 *Growth of Knowledge* 中的论文。

极大变化。[10] 试想一下，如果一致性不再是一个首要价值，科学中会发生什么。第二，在应用共有价值时，个人差异也许对科学发挥着至关重要的作用。必须应用价值的地方，也总是必须冒险之处。大多数反常都能以常规方法解决，大多数关于新理论的建议事实证明也都是错的。如果共同体的全部成员把每
一个反常都当作危机的来源，或者接受同行提出的每一个新理 186
论，科学也就不复存在了。另一方面，如果没有人甘冒风险对反常或全新的理论作出反应，也就不会有什么革命了。在这类事情中，诉诸共有价值而不是共有规则来决定个人选择，也许正是共同体分散风险、确保其事业长盛不衰的方式。

现在来谈学科基体中的第四种要素，它并非学科基体中的最后一种，而是我这里要讨论的最后一种。无论在语文学上还是在自传意义上，用“范式”一词来称呼它都是完全恰当的；正是群体共有信念中的这个成分最初使我选择了“范式”一词。然而，由于“范式”一词已经有了自己的特定用法，这里我用“范例”来取代它。我所谓的“范例”首先是指学生们在最初接受科学教育时遇到的具体的问题解答，无论是在实验室里、考试中还是在科学教科书的章节末尾。不过，除了这些共有范例，至少还应加上期刊文献中的某些专业问题解答，科学家在毕业后的研究生涯中会遇到这些文献，这些文献通过例子向他们表明了应当如何作研究。较之学科基体中其他种类的成分，各组

[10] 参见本书第十三章开篇的讨论。

范例之间的差异更能为共同体提供科学的精细结构。例如，所有物理学家一开始都学习同样的范例：像斜面、圆锥摆、开普勒轨道这样的问题，以及像游标尺、量热器、惠斯登电桥这样的仪器。但随着他们训练的发展，他们共有的符号概括会逐渐以不同的范例来说明。虽然固体物理学家和场论物理学家共有薛定谔方程，但只有对这个方程更基本的应用才是这两个群体所共有的。

三、范式作为共有的范例

范式作为共有的范例，我现在认为是本书最新颖也最不被
187 人理解的方面的核心要素。因此，范例比专业基体中其他种类的成分更需要关注。科学哲学家通常并不讨论学生在实验室或教科书中遇到的问题，因为这些问题被认为只是让学生练习应用他已知的东西罢了。据说，除非首先学会理论和理论的一些应用规则，否则学生根本就不会解题。科学知识就嵌在理论和规则中，问题是如何应用和熟悉它们。然而，这种对科学认知内容的定位，我已尝试论证是错误的。做完许多题后，学生解更多的题或许只能增加熟练度。但在开始及稍后一段时间里，做题是在学习有关自然的重要事物。如果没有这样的范例，他以前学到的定律和理论就不会有什么经验内容。

为了说明我的想法，我要简要回顾一下符号概括。牛顿第二定律是一个广泛共有的范例，一般写作 $f=ma$。例如，发现某

个共同体的成员毫不怀疑地说出并接受相应表达式的社会学家或语言学家，如果不做更多的研究，绝不会知道这个表达式和其中各项是什么意思，也不会知道这个共同体的科学家如何将这个表达式与自然相联系。事实上，仅是无异议地接受它，并把它用作逻辑和数学操作的起点，本身并不意味着他们对其意义和应用这样的问题意见一致。当然，他们的确在很大程度上意见一致，或者在随后的交流中很快达成一致，但我们仍然可以问，他们是在哪一点上以及用什么方法做到这些的。面对一种特定的实验情形，他们是如何学会分辨出相关的力、质量和加速度的？

实际上，虽然该情形的这个方面很少或从未被注意到，但学生必须学的东西比这还要复杂。逻辑和数学操作绝非直接被用于 $f=ma$。通过考察可以发现，这个表达式是一个定律概要 188
（law-sketch）或定律纲要（law-schema）。当学生或从事研究的科学家从一个问题情形转到另一个问题情形时，适用这些操作的符号概括也变了。对于自由落体情形，$f=ma$ 变成了 $mg=m(d^2s/dt^2)$；对于单摆情形，它变成了 $mg\sin\theta = -ml(d^2\theta/dt^2)$；对于一对相互作用的谐振子的情形，它变成了两个方程，其中第一个可以写作 $m_1(d^2s_1/dt^2) + k_1s_1 = k_2(s_2 - s_1 + d)$；对于像陀螺仪这样更复杂的情形，它又成了其他形式，与 $f=ma$ 的家族相似性更难察觉。然而，在学习从各种前所未见的物理情形中分辨出力、质量和加速度时，学生也学会了设计 $f=ma$ 的适当形式将这些物理量关联起来，这种形式与他之前遇到的常常很不一样。

他是如何学会这样做的呢？

学科学的学生和科学史家都熟悉的一个现象提供了一条线索。学生们常常会说，他们已经精通并且完全理解了教科书的一章，但章末的一些习题解答起来仍感吃力。这些困难通常也能以同样的方式得到化解。有时在老师的帮助下，学生会发现一种方式，把他的问题看成**就像**一个已经遇到的问题。看到这种相似性，领会了两个或更多问题之间的类比之后，他就能把符号联系起来，并且用以前证明有效的方式使之与自然相联系。定律概要，比如 $f=ma$，充当着一种工具，告诉学生应当寻找什么样的相似性，用什么样的格式塔去看这种情形。由此获得的把各种情形看成彼此相似（例如都是 $f=ma$ 或其他符号概括的各种情形）的能力，我认为是学生做范例习题的主要收获，不论是用纸笔做的，还是在精心设计的实验室里做的。完成一定数量的这种练习（彼此之间可能差异很大）之后，他就能像其专家群体中的其他成员一样，用同样的格式塔去看他所面对的情形。对他来说，这已不再是他训练之初所遇到的那些情
189 形。与此同时，他已经吸纳了一种历经考验并为群体所认可的观看方式。

获得的相似关系的作用也清晰地反映在科学史中。科学家通过模仿以往的谜题解答来解谜题，往往不太依靠符号概括。伽利略发现，一个球滚下斜面所获得的速度正好能使它滚上同样高度的另一斜面（斜率可以任意），他已学会把这种实验情形看成与摆锤为质点的摆相似。后来，惠更斯解决了物理摆的

摆动中心问题，他想象物理摆的扩展体由伽利略的点摆（point-pendula）所组成，点摆之间的连接可以在摆动中的任一点瞬间松开。连接松开以后，每一个点摆都能自由摆动，而当每一个点摆都到达其最高点时，其集体重心就会像伽利略的摆那样，只上升到这一扩展摆的重心开始下降的位置。最后，丹尼尔·伯努利（Daniel Bernoulli）发现了如何使流出小孔的水流类似于惠更斯的摆。先确定水槽和喷嘴中水的重心在一个无穷小时间间隔内的下降，再想象此后每一个水微粒以在这一时间间隔内获得的速度分别上升到所能到达的最高点。这些水微粒重心的上升必定等于水槽和喷嘴中水的重心的下降。根据这种观点，人们探讨已久的流出速率问题就迎刃而解了。[11]

前面说过，由不同的问题可以学会把不同情形看成彼此相似，看成同一科学定律或定律概要的应用对象，由这个例子
读者应当可以开始理解我的意思。与此同时，它也能表明为什 190
么我说重要的自然知识是在学习相似关系时获得的，这些知识此后体现在看待物理情形的方式中，而不是体现在规则或定律中。这个例子中的三个问题（都是 18 世纪力学家的范例）只用了一条自然定律，即所谓的“活力原理”，它通常被表述为：“实

[11] 例如参见 René Dugas, *A History of Mechanics*, trans. J. R. Maddox (Neuchatel, 1955), pp. 135-136, 186-193, and Daniel Bernoulli, *Hydrodynamica, sive de viribus et motibus fluidorum, commentarii opus academicum* (Strasbourg, 1738), Sec. iii。关于 18 世纪上半叶，力学在多大程度上是通过模仿以往的问题解答而进步的，参见 Clifford Truesdell, “Reactions of Late Baroque Mechanics to Success, Conjecture, Error, and Failure in Newton’s *Principia*”, *Texas Quarterly*, X (1967), 238-258。

际的下降等于潜在的上升。”伯努利对这条定律的运用应能表明它是多么重要。然而，仅就这条定律的字面表述来看，它实际上并不重要。把它拿给一个当代的物理学学生去看，他懂得其中的文字，也能做所有这些问题，但会采取不同的方法。再想象一下这些文字对一个甚至连问题也看不懂的人意味着什么。对他而言，只有认识到“实际的下降”和“潜在的上升”是自然的成分之后，也就是说在学习这一定律之前先得了解自然呈现或不呈现的各种情形，这一概括才能开始起作用。这种学习并非完全通过文字手段来获得，而是文字与具体的应用实例结合在一起；自然与文字是一齐学会的。再次借用迈克尔·波兰尼（Michael Polanyi）有用的术语，由这一过程所得到的是“默会知识”（tacit knowledge），这些知识是通过做科学，而不是通过获得做科学的规则而学会的。

四、默会知识与直觉

我提到默会知识，同时又拒绝接受规则，这便引出了另一个问题，它困扰着我的许多批评者，似乎为指责我赞美主观性和非理性提供了依据。有些读者认为，我试图使科学依赖于不可分析的个人直觉，而不是依赖于逻辑和定律。但这种诠释在两个基本方面误入了歧途。首先，如果说我谈论的是直觉，那也并非个人的直觉，而是一个成功群体的成员所共同拥有的经过检验的东西。新手通过训练以获得直觉，这种训练是为了加

入群体而作的一部分准备。其次，这种直觉并非原则上不可分 191
析。恰恰相反，我正在用一个计算机程序作试验，以研究它们在一个基本层次上的性质。

这里我不再多谈那个程序[12]，但仅仅提到它就足以提出我最基本的论点。当我说到嵌入共有范例中的知识时，我并非是指一种比嵌入规则、定律或鉴别标准中的知识更不系统或更不可分析的认知模式。事实上，我想到的是这样一种认知模式，如果用先从范例中抽象出来然后取代范例的规则对它进行重建，那就误解了它。换言之，当我说从范例中获得一种能力，可以认出某种情形像或不像之前见过的其他情形时，我并非是指这个过程完全不可能通过神经－大脑机制来解释，而是说，这种解释本质上无法回答“对什么而言是相似的”这个问题。此问题要求有一个规则，这里要求的是一个标准，以把特定情形归入相似性的集合。我所主张的是，在这种情况下应当抵制那种寻求标准（至少是一整套标准）的诱惑。但我反对的不是系统，而是一种特定的系统。

为了指出这一点的实质，我得暂时岔开主题。接下来的内容现在对我而言非常明白，但本书中一再使用的像“世界改变了”这样的话却暗示它并不总是如此明白。如果两个人站在同一地点，注视同一方向，那么我们必然断言（否则就陷入了唯我论），他们受到了非常相似的刺激。（要是两人的眼睛能够置

[12] “Second Thoughts”一文中有关于这个主题的一些资料。

于同一处，刺激将会完全相同。）但刺激是看不见的，关于这些刺激，我们的知识是高度理论的和抽象的。他们拥有感觉，我们不必假定两位观看者的感觉是一样的。（持怀疑态度的人也许还记得，在1794年约翰·道尔顿描述色盲之前，没有人注意过
192 色盲。）相反，许多神经过程都发生在接收到一个刺激与觉察到一个感觉之间。我们所确知的是：极为不同的刺激可以产生相同的感觉；同样的刺激可以产生极不相同的感觉；最后，由刺激到感觉的路径在部分程度上受制于教育。在不同的社会里培养起来的人有时会表现得像是看到了不同的东西。如果我们不再受诱惑想去找到刺激与感觉的一一对应，我们也许会认识到，他们的确看到了不同的东西。

现在请注意两个群体，其成员在受到同样的刺激时会有两种具有系统性差异的感觉，**在某种意义上**，他们的确生活在不同的世界。我们假定存在着刺激，以解释我们对世界的知觉，我们又假定刺激是不变的，以避免个人和社会的唯我论。对于这两个假定，我都毫无保留意见。但充满我们世界的首先不是刺激，而是我们的感觉对象，它们对于不同的个人或群体不必相同。当然，由于同属一个群体的个人享有共同的教育、语言、经验和文化，所以我们完全有理由假定他们的感觉是相同的。否则我们如何来解释他们交流的充分性以及对环境的反应在行为上的共同性呢？他们必定以几乎相同的方式来看待事物和处理刺激。但在群体开始分化和专业化的地方，我们找不到类似的证据来支持感觉的不变性。我怀疑，纯粹是出于狭隘，

我们才会假定从刺激到感觉的路径对于所有群体的成员都是一样的。

现在让我们回到范例和规则，我一直试图表明（尽管是以非常初步的方式）：一个群体（无论是整个共同体文化，还是其中的一个由专家组成的次级共同体）的成员学会在遇到同样的刺激时看到同样的东西所凭借的基本技巧之一就是被示范各种情形的例子，这一群体的前辈们已经学会把它们看成彼此相似的，并与其他种类的情形相区别。这些相似情形也许是同一个 193
人（比如母亲）相继的感觉呈现，这个人最终会从视觉上被认出是谁，并且区别于父亲或姐姐。它们也可能是自然家族成员的呈现，例如天鹅和鹅的呈现。或者对于更为专门的群体成员来说，它们可能是牛顿情形的例子，也就是说，这些情形的相似之处在于都服从某个版本的符号公式 $f=ma$，而不同于（比如说）光学的定律概要所适用的那些情形。

现在假定这类事情的确发生过。我们应当说，由范例所获得的是规则以及应用规则的能力吗？这种描述很有诱惑力，因为把一个情形看成与我们以前遇到的一些情形类似，必然是完全受物理化学定律支配的神经过程的结果。在这个意义上，一旦我们学会这样做，认出相似性就必然和我们的心跳一样是有系统的。但这一类比也暗示，这种认出也可能是不由自主的，是我们无法控制的一个过程。如果是这样，我们就不能恰当地把它设想成可以用规则和标准来处理的事情了。用规则和标准去谈论它，就意味着还有其他选项，例如，我们可以不遵守某条规则，误用某个标准，或者试验其他某种看事物的方式。[13] 而我认为，这正是我们做不到的事情。

或者更准确地说，直到我们有了感觉，并且知觉到某个东西之后，我们才能做这些事情。那时，我们确实经常寻找标准并付诸应用。然后，我们也许会致力于诠释，这是一个深思熟虑的过程，我们通过它作出选择，而不在知觉本身中作出选
194 择。例如，我们看到的东西也许有些古怪（请回想一下反常的纸牌）。转过街角，我们看到我们认为这时应在家里的妈妈进了镇上的一家商店。思索一下看到的东西，我们不禁惊呼："那不是妈妈，因为她的头发是红色的！"进入这家商店，再看这个妇女，我们会不理解怎么会把她当作妈妈。又如，我们看见一只正在池底觅食的水鸟的尾羽，它是天鹅还是鹅呢？思索一下看到的东西，我们在心中将这种尾羽与以前见过的天鹅和鹅的尾羽进行比较。再如，我们是最初的科学家，只想知道我们已能很容易认出的一个自然家族的成员的某种一般特征（例如天鹅的白色）。我们同样思索先前已经知觉的东西，寻找这一家族的成员所共有的特征。

这些都是深思熟虑的过程，在这些过程中我们确实在寻找和应用标准与规则。也就是说，我们试图诠释已经获得的感

[13] 假如所有定律都像牛顿定律，所有规则都像十诫，也许就不必这样说了。那样一来，"违反一条定律"将毫无意义，拒绝接受规则也不意味着一个不受定律支配的过程。不幸的是，交通法规（traffic laws）以及类似的立法产物是可以违反的，因此很容易造成混淆。

觉，试图分析对我们来说给定的东西。不论我们如何去做，所涉及的这些过程最终必然是神经过程，因此支配它们的**物理–化学**定律一方面支配着知觉，另一方面也支配着我们的心跳。但在所有这三种情况下系统都服从同样的定律，并不足以使我们假定：我们的神经器官已经编过程序，可以在诠释、知觉和心跳中以同样的方式运作。因此，我在本书中始终反对把知觉当作一个诠释过程来分析，当作我们在知觉之后所做事情的一个无意识版本来分析。这种做法在笛卡尔以后才成为惯例，在他之前则没有。

当然，知觉的完整性之所以值得强调，是因为有太多过去的经验包含在把刺激转化为感觉的神经器官中。一种经过恰当程序编排的知觉机制具有生存价值。说不同群体的成员面对同样的刺激时可能有不同的知觉，并不意味着他们想有什么知觉就有什么知觉。在许多环境下，一个群体若不能区分狼和狗就无法生存下去。今天的核物理学家群体若不能识别出 α 粒子 195
和电子的轨迹，也不能继续被称为科学家。正因为只有极少数观看方式能够做到这一点，那些经得起群体检验的方式才值得一代代传承下去。同样，正因为历史上的成功使它们被选择出来，我们才必须谈论嵌在从刺激到感觉的路径之中的关于自然的经验和知识。

也许“知识”是个错误的词，但有理由使用它。把刺激转化为感觉的神经过程中所嵌入的东西具有以下特征：它通过教育来传承；通过试验发现，它在一个群体当前的环境中比过去的竞争者更有效；最后，通过进一步的教育，以及通过发现对环境的不适应，它会发生变化。这些都是知识的特征，也解释了我为什么要用这个词。但这是一种奇特的用法，因为另一个特征漏掉了。我们无法直接触及我们知道的东西，没有规则或概括来表达这种知识。能够提供这种通道的规则不涉及感觉，只涉及刺激，而且是那种只有通过精心阐述的理论才能知道的刺激。没有这种理论，嵌在从刺激到感觉的路径之中的知识就仍然是默会的，或者说只可意会而不可言传。

上述看法显然很初步，在细节上也未必完全正确，但我对感觉的讨论却要从字面上来理解。它至少是一个关于视觉的假说，即使不能作直接的探究，也应当用实验来研究。但像这样来谈论观看和感觉也具有隐喻功能，就像在本书正文中那样。我们并没有**看到**电子，而只看到它在云室中的轨迹或蒸汽泡。我们根本没有**看到**电流，而只看到安培计或电流计的指针。然而在本书特别是第十章中，我一再表现得就好像我们确实知觉到了像电流、电子和场这样的理论实体，就好像我们通过考察范例学会了知觉它们，就好像在这些情况下用关于标准和诠释的讨论来取代关于“看到”的讨论也是错误的似的。
196 将“看到”转移至这类语境的隐喻并不足以为这些主张提供依据。这个隐喻迟早会被消除，而代之以一种更加字面的谈论方式。

上面提到的计算机程序已经开始暗示做到这一点的方法，但限于篇幅和我目前的理解程度，我无法在这里消除这个隐喻。[14] 这里只尝试对它作出简要的辩护。对于不熟悉云室和安培计的人而言，看到水滴或数字刻度上的指针是一种原始的知觉经验。因此，在得出关于电子或电流的结论之前，需要对这种经验进行思索、分析和诠释（或者外在权威的介入）。但对于了解这些仪器并且具有许多操作经验的人来说，情况就大不相同了，他对来自这些仪器的刺激的处理方式也会相应地有所不同。对于他在寒冬的下午呼吸的水汽，他的感觉也许与业外人士没有什么两样，但在观看云室时，他看到（这里是字面意义）的不是水滴，而是电子、α 粒子等的轨迹。如果你愿意，这些轨迹就是被他诠释成相应粒子出现标志的标准，但他所循的路径要短于并且不同于把它诠释成水滴的人所循的路径。

再比如那些正在查看安培计指针读数的科学家。他的感觉
也许和业外人士一样，特别是如果这个业外人士以前读过其他 197
仪表的话。但科学家是在整个电路的语境中看到这个仪表（同样是字面意义）的，他也懂得一些内部构造。对他来说，指

[14] 对于“Second Thoughts”一文的读者，下面这段含有隐义的话也许很重要。要能立即认出自然家族的成员，需要在神经过程之后，在需要分辨的家族之间存在空白的知觉空间。例如，如果从鹅到天鹅存在着一个水禽的知觉连续体，我们就必须引入一个特定的标准来区分它们：对于不可观察实体，也可得出类似的论点。如果一个物理理论只允许像电流这样的东西存在，那么只需很少的标准（这些标准可能随事例不同而有很大差异）就足以鉴别出电流，即使没有一套规则来指明做这种鉴别的必要条件和充分条件。这一点又暗示了一个可能更重要的合理推论：给定一组鉴别一个理论实体的充要条件，该实体就可以从这一理论的本体论中消除，而代之以其他。然而，若没有这些规则，这些实体就无法消除；因此理论要求它们存在。

针的位置是一个标准，但只是电流**值**的标准。为了诠释指针的位置，他只需确定在什么刻度上来读仪表。而对于业外人士来说，指针的位置就是指针的位置，而不是任何其他东西的标准。为了诠释它，他必须考察整个电路的设计（无论内外），用电池和磁铁做实验，等等。无论是“看到”的隐喻用法还是字面用法，诠释都是从知觉结束的地方开始。这是两个不同的过程，至于知觉究竟留给诠释什么东西去完成，则与当事人以往的经验和训练的性质和数量有极大关系。

五、范例、不可公度性与革命

以上所述为澄清本书的另一个方面提供了基础，即我所说的不可公度性及其对科学家关于理论选择的争论所产生的后果。[15] 我在第十章和第十二章指出，争论双方不可避免会以不同的眼光来看待双方都曾诉诸的某些实验或观察情形。但由于他们用以讨论这些情形的词汇大体相同，所以他们必然会以不同的方式将其中一些词与自然联系起来，他们彼此之间的交流不可避免是不完全的。结果，理论之间的优越性就成了争论中无法证明的东西。我坚持认为，每一方都必须尽量通过说服使对方改变信念。只有哲学家严重误解了我的论证中这些部分的

[15] 以下论点在“Reflections”一文的第5、6节有更详细的讨论。

意向。其中一些人说我相信以下看法[16]：不可公度理论的拥护
者彼此之间根本无法交流；结果，在关于理论选择的争论中无 198
法诉诸**好的**理由；理论选择最终必然基于个人的主观理由；实
际作出的决定依赖于某种神秘的灵感。书中造成这些误解的内
容是指责我非理性的主要原因。

首先考虑我对证明的论述。我试图提出的论点很简单，在科学哲学中众所周知。关于理论选择的争论，在形式上不可能完全类似于逻辑或数学的证明。在逻辑或数学的证明中，前提和推理规则在一开始就已定好。如果对结论有异议，争论双方可一步步回溯，按照之前的规定检查每一个步骤。到了过程最后，总有一方会承认自己犯了错误，违反了之前接受的规则。一旦认错，他便无所依靠，其对手的证明就成了不可抗拒的。只有当双方发现对于所制定规则的含义或应用有不同看法时，他们以前达成的协议才不足以作为证明的基础，争论才不可避免会以科学革命期间的形式持续下去。这种争论是关于前提的，它以说服作为序幕，通往证明的可能性。

这个我们相对熟悉的论点既不意味着没有可以说服人的好的理由，也不意味着这些理由对于群体来说最终不具有决定性，甚至也不意味着作出选择的理由不同于科学哲学家通常列

---

[16] 参见 Dudley Shapere, “Meaning and Scientific Change”, in *Mind and Cosmos: Essays in Contemporary Science and Philosophy*, The University of Pittsburgh Series in the Philosophy of Science, III (Pittsburgh, 1966), 41-85; Israel Scheffler, *Science and Subjectivity* (New York, 1967)，以及 *Growth of Knowledge* 一书中 Stephen Toulmin 的论文。

出的准确性、简单性、有效性等理由。它所提示的是，这些理由起着价值的功能，因此可以被那些推崇它们的个人或集体以不同方式运用。例如，如果两个人对其理论的相对有效性意见不一，或者对这一点意见一致，但对于有效性的相对重要性以及（比如说）达成选择的范围意见不同，那么双方都没有错，也都不是不科学。不存在理论选择的中性算法，也不存在什么系统性的决定程序，只要正确地应用它，群体中的每一个成员
199 就必定会作出同样的决定。在这个意义上，作出有效决定的乃是专家共同体，而不是其个别成员。要想理解科学为何会这样发展，我们无须追究使每个人作出特定选择的个人经历和个性方面的细节，尽管这个话题也很迷人。我们必须理解的是一组特定的共有价值与一个专家共同体所共有的特定经验以何种方式发生互动，从而确保这一群体的大多数成员最终能够发现某一组论证具有决定性。

这个过程就是说服，但也引出了一个更深刻的问题。两个人以不同的方式知觉同一情形，又用同样的词汇进行讨论，他们必然以不同的方式使用这些词汇。也就是说，他们以我所谓的不可公度的观点进行言说。怎么能指望他们彼此交谈呢？更不用说去说服对方了。即使对这个问题作出初步的回答，也需要进一步指明这种困难的实质。我猜想，它至少部分具有以下形式。

常规科学研究依赖于一种从范例中获得的能力，即把对象和情形分成原始的相似性类别。这里所说的“原始”，是指在进

行相似性分类时，无须回答“对于什么相似”这个问题。于是，任何革命的一个核心方面就是某些相似性关系改变了。过去被归于同一类的对象，革命之后被归于不同的类，反之亦然。想想哥白尼之前和之后的太阳、月亮、火星和地球，伽利略之前和之后的自由落体、摆和行星运动，或者道尔顿之前和之后的盐类、合金和硫铁混合物。由于在改变的类别中，大多数对象仍然被归为一类，所以这些类的名称通常会保留下来。然而，一个子类的转移通常是这些子类之间关系网络的重大转变的一部分。把金属从化合物类转移到元素类，在一种新的燃烧理论、酸性理论以及物理化学结合理论的兴起中起了极为关键的作用。这些变化很快就扩展到整个化学中。因此，当这种重新
分布发生时，两个过去显然能够完全理解地进行交谈的人，突 200
然发现他们对于同样的刺激会作出不相容的描述和概括，这不足为奇。这些困难并非在其所有科学交谈中都会遇到，但它们会发生，并且集中于对理论选择最具决定性的那些现象周围。

这些问题虽然最初在交流中变得显著，但并不仅仅是语言上的，因此不能只通过规定引起麻烦的术语的定义来解决。由于这些词在部分程度上是通过直接应用于范例而学到的，所以参与者在交流不畅时不能说：“我以如下标准所规定的方式来使用‘元素’（或‘混合物’‘行星’或‘不受约束的运动’）这个词。”也就是说，他们不能诉诸一种中性的语言，这种语言既能以同样的方式来使用，又能恰当地陈述双方的理论及其经验后果。理论上的部分差别，在使用反映这种差别的语言之前即已存在。

不过，经历这种交流不畅的人肯定还有所凭借。他们受到的刺激一样，神经器官总体上也一样，无论程序编排有多么不同。此外，除了在一个很小但很重要的经验领域，甚至连他们神经的程序编排也必然几乎相同，因为除了最近的过去，他们共有一部历史。结果，他们的日常生活，以及他们的大部分科学世界和科学语言，都是共有的。既然有这么多共同之处，他们应当能够查明他们之间的诸多不同。然而，所需的技巧既不是直截了当，也不是让人舒服，亦不是科学家的部分常规技巧。科学家很少认识到这些技巧是什么，对它们的利用也基本上只限于说服他人改信，或者让自己相信这根本做不到。

简而言之，参与者在交流不畅时所能做的就是把彼此看成
201 不同语言共同体的成员，然后自己变成翻译者。[17] 他们以群体内和群体间交谈的差异为研究对象，首先试图发现在每一个共同体内使用毫无问题，而在群体间的讨论中却成为麻烦焦点的词和短语。（不造成这种困难的短语也许可以同音译出。）找出科学交流中的这些困难领域之后，他们便可借助于共有的日常词汇来进一步阐明他们的麻烦。也就是说，每个人都试图发现，别人在受到一个会使我产生不同语言反应的刺激时会看到

[17] 关于翻译的大多数相关方面，经典来源是 W. V. O. Quine, *Word and Object* (Cambridge, Mass., and New York, 1960), chaps. i and ii。但蒯因似乎认为，两个接收相同刺激的人必定会有相同的感觉，因此他没有讨论翻译者在何种程度上能够**描述**所译语言（the language being translated）适用的那个世界。关于这一点，参见 E. A. Nida, “Linguistics and Ethnology in Translation Problems”, in Del Hymes (ed.), *Language and Culture in Society* (New York, 1964), pp. 90-97。

什么和说什么。如果他们可以不把反常行为解释成纯粹由错误或疯狂所致，他们最终也许会成为彼此行为的优秀预言者。每个人都会学习把对方的理论及其结果翻译成自己的语言，同时用他自己的语言去描述理论所适用的世界。这正是科学史家在讨论过时的科学理论时所做（或应该做）的事情。

由于翻译工作能使不畅交流的参与者设身处地体验到彼此观点的优缺点，所以它是说服和改信的一种有力工具。但即使劝说也未必成功，如果成功，也未必伴随着或紧跟着改信。这两种经验并不相同，对于这个重要的区分，我最近才有完整的认识。

我认为，说服某人就是让他相信说服者的观点更优越，因此应当取代他自己的观点。有时无须借助于翻译这种东西也能做到这一点。缺少翻译时，一个科学群体的成员所赞同的许多
解释和问题表述，对另一个群体的成员而言却难以理解。但每 202
一个语言共同体通常从一开始就会产生一些具体的研究成果，这些成果虽然可以用两个群体都以相同方式理解的语句来描述，却不能被另一个群体以自己的方式来解释。如果新观点持续了一段时间并且继续有效，那么能以这种方式表达的研究成果就可能越来越多。对一些人来说，单凭这些成果就已经是决定性的。他们会说：我不知道这种新观点的拥护者是如何成功的，但我必须学习；不论他们在做什么，都明显是对的。刚入行者特别容易有这样的反应，因为他们尚未学到任一群体的专门语汇和信念。

然而，能用两个群体以相同方式使用的词汇来表述的论证通常并不具有决定性，至少在相互对立的观点演化到很晚的阶段之前是这样。在那些已经得到专业认可的论证中，如果不求助于通过翻译而实现的更广泛的比较，没有几个能有说服力。许多额外的研究成果能够从一个共同体的语言**翻译成**另一个共同体的语言，尽管付出的代价常常是冗长而复杂的语句（试想一下，若不借助“元素”一词，普鲁斯特与贝托莱的争论该如何进行）。而且，随着翻译的进行，每一个共同体的某些成员也将开始设身处地认识到，一个以前晦涩难懂的陈述，如何能在对立群体的成员看来是一种解释。当然，获得这类技巧并不保证能够说服对方。对大多数人来说，翻译是个危险的过程，它与常规科学格格不入。无论如何，反驳总是可以找到的，没有规则规定论证与反驳必须如何达成平衡。然而，随着论证的数量逐渐增多，各种挑战逐步得到成功化解，到头来只能用盲目的顽固来解释那些负隅顽抗的人。

既然如此，历史学家和语言学家久已熟悉的翻译的第二个方面就变得至关重要了。将一种理论或世界观翻译成自己的
203 语言，并不是使它成为自己的理论或世界观。若是那样，翻译者就必须入乡随俗，用这种以前不懂的语言来思考和工作，而不仅仅是把它翻译出来而已。然而，这种转变不是深思熟虑和选择所能决定的，不论他这样做的想法有多么好的理由。在学习翻译的过程的某一点上，他发现这种转变已经发生，他还没有作出决定便已陷入这种新的语言。或者说，就像许多到了中

年才遇到相对论或量子力学的人，他发现自己已经完全信服这种新观点，却无法使之内化，无法在它帮助塑造的世界里感到自在。在理智上，这个人已经作出了选择，但又无法作到这种选择若想有效所要求的改信。他仍然可以使用新理论，但这样作时就像一个生活在异域他乡的外国人，他之所以能在那里生活，仅仅是因为已经有本地人在那里。他的工作寄生在这些本地人的工作上，因为他缺乏这个共同体的未来成员通过教育获得的心理定式集合（constellation of mental sets）。

因此，被我比作格式塔转换的改信经验处于整个革命过程的核心。用于选择的好理由提供了改信的动机以及使之更可能发生的氛围。此外，翻译也为神经的重新编排程序提供了门径，这种重新编排程序不论现在有多么不可理解，都一定是改信的基础。但无论是好理由还是翻译都不构成改信，为了理解一种根本的科学变迁，我们必须详细阐述这一过程。

六、革命与相对主义

上述立场的一个后果使我的一些批评者感到尤为困扰。[18]
他们认为我的观点有些相对主义，特别是本书最后一章的论 204
述。我关于翻译的说法更加突出了这种指责的理由。不同理论的拥护者就像不同的语言 - 文化共同体的成员。认识到两者之

[18] Shapere, "Structure of Scientific Revolutions", and Popper in *Growth of Knowledge.*

间的相似性就意味着，拥护不同理论的两个群体在某种意义上可能都是对的。如果应用到文化及其发展上，这种立场就是相对主义的。

但如果应用到科学上，它也许并不是相对主义的，而且在其批评者没有看到的一个方面，它绝不是**纯粹的**相对主义。我曾指出，成熟科学的研究者们不论是作为一个群体还是一些群体，基本上都在解谜题。虽然他们在进行理论选择时所利用的价值也来自他们工作的其他方面，但在价值冲突时，对一个科学群体的大多数成员而言，占主导地位的标准仍然是建立和解决由自然所提出谜题的得到证明的能力。事实证明，和其他价值一样，解谜题的能力在应用中是模糊不清的。两个共有这种能力的人，在利用它时仍然可能作出不同的判断。但注重这种能力的共同体的行为与不注重它的共同体的行为将会非常不同。我相信，在科学中，高度重视解谜题的能力会有如下后果。

想象一棵演化树，代表现代科学各门专业从其共同起源（比如自然哲学和技艺）的发展。从树干到树梢画一条线，沿树向上从不折回，循此可以找到一连串有亲缘关系的理论。选择距离起点不太近的任何两个这样的理论，应当不难列出一些标准，使一个无所偏向的观察者能够不断区分出较早的理论和较晚的理论。最有用的标准会包括：预言特别是定量预言的准确性，主题深浅适度，能够解决的不同问题的数量，等等。像简单性、适用范围、与其他专业的相容性这样的价值虽然也是科学生活的重要决定因素，但在这里却不太有用。虽然所列的这

些还不是我们最终需要的，但我毫不怀疑它们可以完成。如果 205
可以完成，那么科学的发展就会像生物演化一样，是一个单向的不可逆过程。在往往大不相同的应用环境中，后来的科学理论比先前的理论有更好的解谜题能力。这并不是一个相对主义者的立场，在它所显示的意义上，我是科学进步的坚定信仰者。

然而，相比于在科学哲学家和业外人士当中极为流行的进步观念，此立场缺少一个本质要素。在通常情况下，一个科学理论被认为比它之前的更好，不仅因为它在发现和解谜题方面是更好的工具，而且因为它更好地呈现了自然实际的样子。我们常常听说，相继的理论会逐渐接近真理。显然，这种概括并非是指从一个理论中导出的谜题解答和具体预言，而是指它的本体论，也就是这个理论植入自然的实体与自然中“实际存在”的东西之间的符合程度。

也许还有其他方式可以拯救这个适用于所有理论的“真理”概念，但这种方式是行不通的。我认为不存在什么独立于理论的方式可以重建像“实际存在”这样的说法；一个理论的本体论与它在自然中的“实际”对应之间的符合，这种观念现在在我看来原则上是虚幻不实的。此外，作为历史学家，我特别能感受到这种观点的难以置信。例如，我并不怀疑作为解谜题工具，牛顿力学改进了亚里士多德力学，爱因斯坦力学改进了牛顿力学。但从它们的前后相继中，我看不出本体论的发展有什么一贯方向。恰恰相反，在某些重要方面（虽然不是所有方面），爱因斯坦的广义相对论与亚里士多德理论的接近程度，要大于这两种理论与牛顿理论的接近程度。将那种立场称为相对主义，这种诱惑虽然是可以理解的，但在我看来，这种描述是错误的。反过来说，假如这种立场就是相对主义，我看不出在解释科学的本质和发展方面，相对主义者损失了什么。

206 七、科学的本质

最后，我想简要讨论一下对本书的两种常见反应，第一种是批评的，第二种是赞许的，我认为这两者都不太对。虽然它们与我之前所说的无关，彼此也不相关，但它们都很流行，我至少应略作回应。

有些读者注意到，我在描述模式与规范模式之间来回反复，这种转换特别明显地表现在这样一些段落，它们以“但科学家并不这么做”开头，而以声称科学家不该这么做结束。有些批评者说我混淆了描述与规范，违反了一个由来已久的哲学定理：“是”不能蕴含“应当”。[19]

实际上，这个定理已经成为一句套话，不再到处受到尊重了。有几位当代哲学家已经发现，在一些重要的语境中，规范与描述是密不可分的。[20]“是”与“应当”并不总像过去看起来那样泾渭分明。但要澄清我的立场的这个看似混乱的方面，

---

[19] 诸多例子中的一个参见 P. K. Feyerabend 在 *Growth of Knowledge* 中的论文。

[20] Stanley Cavell, *Must We Mean What We Say?* (New York, 1969), chap. i.

无须诉诸精妙的当代语言哲学。本书展示了一种关于科学本质的观点或理论，和其他科学哲学一样，对于科学家为使其事业成功而应采取的行为方式，该理论同样有所推断。它虽然未必比其他理论更正确，但也为反复申明“应当这样”“应当那样”提供了正当根据。反过来说，认真看待我这个理论的一组理由是：科学家事实上正是按照这个理论所说的方式去行为的，他们的方法是为了保证其成功而发展和挑选出来的。我的描述性概括之所以是这一理论的证据，恰恰因为它们也能从该理论中导出来，而根据其他关于科学本质的观点，这些概括构成了反常行为。

我认为，这个论证的循环并不是恶循环。我们所讨论观点 207
的后果并未被它最初基于的观察所穷尽。甚至在本书首次出版之前我就发现，它所提出的这个理论，有些部分是探究科学的行为和发展的一种有用工具。将这篇后记与本书正文相比较，可以表明该理论仍在扮演这个角色。如果纯粹是循环的观点，是不可能提供这种指导的。

对于本书的最后一种反应，我的回答必须是另外一种。一些人欣赏本书，主要不是因为它阐明了科学，而是因为他们认为其主要论点还可用于其他许多领域。我明白他们的意思，也不想劝阻他们尝试扩展这一立场，但他们的反应却让我困惑。在一定程度上，本书确实把科学发展描绘成一连串囿于传统的时期，各个时期又被非累积性的间断点所隔开，就此而言，本书的论点无疑具有广泛的适用性。但这本来就是应该的，因为这些论点是从其他领域借来的。文学史家、音乐史家、艺术史家、政治发展史家以及其他许多人类活动的历史学家，早已用同样的方式描述他们的主题。以风格、品味和制度结构等方面的革命性间断来分期，是他们的标准方法之一。如果说在这类概念上我有什么原创的话，那主要是我把它们用于科学这个曾经被广泛认为以不同方式发展的领域。可以想见，我的第二项贡献是作为一个具体成就、一个范例的范式概念。例如，我怀疑，如果可以认为绘画是在彼此模仿，而不是按照某些抽象的风格规范来制作的话，艺术中围绕风格概念所产生的一些著名困难就会消失。[21]

然而，本书也打算提出另外一种论点，对许多读者而言，
208 它不太容易看清。虽然科学的发展也许比我们常常设想的更像其他领域的发展，但它也有明显的差异。例如，说科学至少在发展过了某一点之后，会以其他领域所没有的一种方式进步，这话不能说全错，无论进步本身可能是什么。本书的一个目标就是考察这些差异，并着手解释它们。

例如，请思考一下我们前面反复强调的：在发展成熟的科学中没有（我现在应该说很少有）相互竞争的派别。再比如，请回想一下我谈到的：某个科学共同体的成员在何种程度上是这个共同体工作的仅有的观众和裁判。或者再思考一下科学教

[21] 关于这一点以及对科学特殊性的更多讨论，参见 T. S. Kuhn, “Comment [on the Relations of Science and Art]”, *Comparative Studies in Philosophy and History*, XI (1969), 403-412。

育的特殊性，解谜题作为目标，以及科学群体在危机与抉择时期所运用的价值体系。本书还分离出科学的其他特征，其中每一个特征并不必然为科学所独有，但合在一起便使科学活动区别于其他活动。

关于科学的所有这些特征，还有许多东西需要了解。在这篇后记的开头，我强调需要研究科学的共同体结构，在后记的最后，我强调需要对其他领域的相应共同体进行类似的比较研究。一个特定的（科学的或非科学的）共同体是如何选择其成员的？这个群体的社会化过程和各个阶段是怎样的？该群体把什么看成它的集体目标？它能容忍什么样的个人或集体偏离？又如何来控制不容许的偏差？对科学更完整的理解还将依赖于对其他种类问题的回答，但没有哪个领域如此需要更多的研究。和语言一样，科学知识本质上是一个群体的共同所有，否则什么也不是。为了理解它，我们需要知道创造和使用它的那些群体的特征。

索　引*

* “索引”中标注的页码为本书的旁码。——译者

译后记

托马斯·库恩（Thomas S. Kuhn，1922—1996）的《科学革命的结构》（*The Structure of Scientific Revolutions*）是20世纪学术史上最有影响的著作之一。它不仅深刻影响了科学史、科学哲学、科学社会学等相关领域以及自然科学界，而且影响了社会学、政治学、人类学、经济学、艺术学、宗教学、文学等各个人文社会科学领域，甚至在学术界以外也产生了强烈反响，至今不衰。

关于《科学革命的结构》的研究已经汗牛充栋，这里仅就翻译情况略作说明。该书原本是为《国际统一科学百科全书》（*International Encyclopedia of Unified Science*）所写的一篇长文，1962年初版，1970年再版，1996年第三版。2012年，芝加哥大学出版社出了它的50周年纪念版或第四版，加入了加拿大哲学家伊恩·哈金（Ian Hacking）所写的导读。这里的中译本就是根据这个最新版译出的。

此前《科学革命的结构》有三个中译本，分别为：李宝恒、纪树立译本（上海：上海科学技术出版社，1980年），程树德、傅大为、王道还、钱永祥译本（台北：远流出版公司，1989初版，1994 年、2007 年、2017 年分别修订），金吾伦、胡新和译本（北京：北京大学出版社，2003 年初版，2012 年修订），在中国大陆阅读最广的是最后这个译本。不幸的是，该译本包含着不少错误，读起来也颇不顺畅，给广大读者造成了诸多不便。台译本虽然整体质量更高，但也多有讹误，且随意发挥之处甚多，“雅”有余而“信”不足。时值北大出版社计划出版库恩文集，恩师吴国盛教授嘱我重译这部名著。我不敢怠慢，咬紧牙关完成了这项艰巨的任务。说它艰巨，是因为库恩的原文绝非易读，不仅行文过于简练，而且多有怪异之辞，很难将它转换成清晰流畅的汉语。翻译过程中，我认真参考了大陆译本和台译本，台译本对不少细节的处理往往会提供很好的启发，这里要对前辈学者们的辛苦努力表示衷心感谢！毕竟，改进译本总是要比从无到有的翻译更容易。但我深知，目前译文里一定还有不少错误，期待读者朋友不吝指正，使之臻于完善。

张卜天

清华大学科学史系

2021 年 2 月 11 日（除夕）